존 내쉬가 들려주는 의사결정이론 이야기

수학자가 들려주는 수학 이야기 75
존 내쉬가 들려주는 의사결정이론 이야기

ⓒ 유소연, 2009

초판 1쇄 발행일 | 2009년 12월 4일
초판 23쇄 발행일 | 2024년 8월 16일

지은이 | 유소연
펴낸이 | 정은영

펴낸곳 | (주)자음과모음
출판등록 | 2001년 11월 28일 제2001-000259호
주소 | 10881 경기도 파주시 회동길 325-20
전화 | 편집부 (02)324-2347, 경영지원부 (02)325-6047
팩스 | 편집부 (02)324-2348, 경영지원부 (02)2648-1311
e-mail | jamoteen@jamobook.com

ISBN 978-89-544-1619-1 (04410)

수학자가 들려주는 수학 이야기

75

존 내쉬가 들려주는

의사결정이론 이야기

| 유 소 연 지음 |

㈜ 자음과모음

수학자라는 거인의 어깨 위에서
보다 멀리, 보다 넓게 바라보는 수학의 세계!

수학 교과서는 대개 '결과'로서의 수학을 연역적으로 제시하는 경향이 강하기 때문에 학생들은 수학이 끊임없이 진화해 왔다는 생각을 하기 어렵습니다. 그렇지만 수학의 역사는 하나의 문제가 등장하고 그에 대해 많은 수학자들이 고심하고 이를 해결하는 가운데 새로운 아이디어가 출현해 온 역동적인 과정입니다.

〈수학자가 들려주는 수학 이야기〉는 수학 주제들의 발생 과정을 수학자들의 목소리를 통해 친근하게 이야기 형식으로 들려주기 때문에 학생들이 수학을 '과거완료형'이 아닌 '현재진행형'으로 인식하는 데 도움이 될 것입니다.

학생들이 수학을 어려워하는 요인 중의 하나는 '추상성'이 강한 수학적 사고의 특성과 '구체성'을 선호하는 학생의 사고의 특성 사이의 괴리입니다. 이런 괴리를 줄이기 위해서 수학의 추상성을 희석시키고 수학 개념과 원리의 설명에 구체성을 부여하는 것이 필요한데, 〈수학자가 들려주는 수학 이야기〉는 수학 교과서의 내용을 생동감 있게 재구성함으로써 추상적인 수학을 구체성을 갖는 수학으로 변모시키고 있습니다. 또한 중간중간에 곁들여진 수학자들의 에피소드는 자칫 무료해지기 쉬운 수학 공부에 있어 윤활유 역할을 할 수 있을 것입니다.

〈수학자가 들려주는 수학 이야기〉의 구성을 보면 우선 수학자의 업적을 개략적으로 소개하고, 6~9개의 강의를 통해 수학 내적 세계와 외적 세계, 교실 안과 밖을 넘나들며 수학 개념과 원리들을 소개한 후 마지막으로 강의에서 다룬 내용들을 정리합니다. 이런 책의 흐름을 따라 읽다 보면 각 시리즈가 다루고 있는 주제에 대한 전체적이고 통합적인 이해가 가능하도록 구성되어 있습니다.

〈수학자가 들려주는 수학 이야기〉는 학교 수학 교과 과정과 긴밀하게 맞물려 있으며, 전체 시리즈를 통해 학교 수학의 많은 내용들을 다룹니다. 예를 들어《라이프니츠가 들려주는 기수법 이야기》는 수가 만들어진 배경, 원시적인 기수법에서 위치적 기수법으로의 발전 과정, 0의 출현, 라이프니츠의 이진법에 이르기까지를 다루고 있는데, 이는 중학교 1학년의 기수법의 내용을 충실히 반영합니다. 따라서 〈수학자가 들려주는 수학 이야기〉를 학교 수학 공부와 병행하면서 읽는다면 교과서 내용의 소화 흡수를 도울 수 있는 효소 역할을 할 수 있을 것입니다.

뉴턴이 'On the shoulders of giants'라는 표현을 썼던 것처럼, 수학자라는 거인의 어깨 위에서는 보다 멀리, 넓게 바라볼 수 있습니다. 학생들이 〈수학자가 들려주는 수학 이야기〉를 읽으면서 각 수학자들의 어깨 위에서 보다 수월하게 수학의 세계를 내다보는 기회를 갖기 바랍니다.

홍익대학교 수학교육과 교수 | 《수학 콘서트》 저자 박 경 미

세상의 진리를 수학으로 꿰뚫어 보는 맛
그 맛을 경험시켜 주는 '의사결정이론' 이야기

우리는 생활하면서 크고 작은 여러 일에 결정을 내리게 됩니다. 이럴 때 우리는 이것이 자신에게 이익이 되는지, 아니면 손해를 미치는지를 곰곰이 생각하며 따져 보게 됩니다. 이번 ○○ 지역 재보궐선거에서 누가 당선되었는지, 다가오는 동계 올림픽은 어느 나라에서 유치하게 되었는지, 연예계에서 이번 주 1위 곡은 어떤 음악인지, 수요일에 시청률이 가장 높은 드라마는 무엇인지, 파티에 참석한 사람들끼리 어떻게 음식을 나누어 먹을지, 여러 명의 상속자에게 부동산을 공평하게 분배하려고 재판에 소송을 제기하는 등등. 자신의 관심거리 또는 생활과 밀접한 관련이 있을 수도 있는 여러 일들의 결정 과정을 생각해 보게 됩니다.

이러한 결정 과정은 처음부터 정해져 있기보다는 사람들이 생활하면서 자연스레 좀 더 합리적이고 효율적인 방법을 찾아가면서 이루어집니다. 여러 일들을 수행할 때 취하는 행동들의 각 절차는 정당하여야 하고 효율적이어야 할 것입니다. 쉽지는 않지만 수학의 기본적인 개념, 원리, 법칙을 활용하여 실생활에서 일어나는 유한하고, 불연속적인 이산 상황의 문제를 수학적으로 분류하고 논리적으로 사고한다면 합리적으로 문제를 해결하는 능력과 태도를 기를 수 있답니다.

선거에서는 미리 정해진 방법에 따라 의사를 결정합니다. 상반된 의사결정이 이루어지는 여러 선거 방법을 살펴볼 필요가 있습니다. 서로 다른 개인의 선호도가 어떻게 공통된 하나의 의사로 집약될 수 있는지를 아는 것은 중요하겠죠. 또한 다수결을 통한 의사결정 과정, 그리고 배제 과정을 거치는 의사결정 과정을 이해하는 것도 필요하답니다. 이와 같은 사회적 상황의 문제에 수학이 어떻게 적용되는지를 이해하다 보면 수학이 얼마나 생활 속에서 가치를 가지는지 경험할 수 있답니다.

분배에서는 케이크를 나누어 먹는 것과 같이 여러 조각으로 나눌 수 있는 경우와 집이나 보석처럼 여러 조각으로 쉽게 나눌 수 없는 경우는 어떻게 분배를 하는 것이 모두에게 공평하게 생각될 수 있는지를 살펴봅니다. 친구들과 케이크를 사이좋게 나누어 먹는 것부터 상속자들끼리 유산 분배하는 것까지 다양한 상황에서 논리적인 의사 결정이 이루어지는 수학적 과정을 경험하게 됩니다.

게임에서는 한 편의 행동에 따라 전략적으로 대응하는 상대편이 있으므로 상대의 전략에 따른 합리적인 판단이 요구됩니다. 〈게임이론〉은 개인과 개인, 단체와 단체, 나라와 나라 등 두 집단 사이의 이해관계가 서로 관련되어 있을 때, 상대편의 전략에 대응하여 어떤 선택을 해야 가장 유리한가를 연구한 것입니다. 경제학이나 정치학 등 새로운 분야에서 주목을 받고 있기도 하답니다.

나는 여러분이 이 책을 통해서 수학 학습에서 습득된 지식과 기능을 활용하여 실생활의 여러 이산적인 상황을 수학적으로 간결히 표현하고 처리할 수 있도록 하는 데 중점을 두었습니다. 또 전 영역에 걸쳐서 복잡한 계산이나 문제해결을 위하여 계산기나 컴퓨터를 적극적으로 활용하였습니다. 끝으로 다양한 의사결정 과정과 상충적인 상황에서 합리적이고 논리적인 사고를 하여 문제를 해결할 수 있답니다.

2009년 12월 유 소 연

:: 차례

1 이 책은 달라요

《존 내쉬가 들려주는 의사결정이론 이야기》는 우리가 일상생활이나 어떠한 문제 상황에서 이익을 고려하여 결정할 때 어떻게 하는 것이 합리적인지를 알려 줍니다. 많은 의사결정 과정이 수학과는 관련 없는 듯 보입니다. 하지만 노벨상을 받은 여러 수학자들은 이러한 의사결정 과정이 본질적으로 수학적인 사고를 통해 수학적인 요소로 이해되며 표현될 수 있음을 말해 주고 있답니다. 실례로 인간의 행동 양식이나, 가치, 상호작용, 갈등, 의사결정 등의 연구로써 다양한 상황에서 논리적인 의사결정이 이루어지는 수학적 경험을 하게 됩니다. 지금 우리나라 고등학교에서 선택 중심의 교육 과정에 하나의 선택 교과로서 이산수학에 속하는 의사결정이론은 선거, 분배 문제해결을 위한 최적화된 전략 사용하기 등과 같은 내용을 소개하고 있습니다. 이러한 내용은 학생들에게 다소 생소하고 어렵게 생각되는 면이 많습니다. 그래서 이것을 좀 더 학생들이 쉽게 이해할 수 있도록 미국의 수학자 존 내쉬 선생님이 직접 이야기하듯 설명하는 수업을 통해서 다양한 문제 상황을 수학적으로 사고하여 해결할 수 있도록 도와준답니다.

2 이런 점이 좋아요

1 이 책에서 소개하는 의사결정이론은 수학을 배우는 학생들도 쉽게 접하기 어려운 내용입니다. 하지만 이 책은 초등학교 2학년 학생부터 고등학생들까지 친근하게 접근할 수 있도록 다양한 예를 통해 생각해 보도록 하여 흥미를 불러일으키는 데 도움이 됩니다.

2 일상생활에서 다룰 수 있는 소재를 선택하였습니다. 이는 수학적으로 문제를 해결하는 과정을 통해 수학적 연관성을 찾는 안목을 기르고, 수학적 사고를 논리적으로 향상시키기 위해서입니다. 이를 위해 이야기를 풀어 나가는 형식으로 내용의 순서를 구성하였습니다.

3 문제해결 능력 신장을 위해 다양한 문제 상황을 통하여 수학적 사고를 하도록 하고 있습니다. 또한 다양한 정보를 활용하여 문제의 정확한 해결을 이끌어 내도록 하고 있습니다. 이로써 학생들은 문제의 복잡한 상황을 간단하고 핵심적인 정보를 활용함으로써 자신이 얻고자 하는 결과를 유도할 수 있게 합니다.

3 교과 과정과의 연계

구분	단계	단원	연계되는 수학적 개념과 내용
초등학교	2-나	표의 작성	표, 그래프
	3-나	자료의 정리	자료의 수집, 분류, 정리, 막대그래프
	5-나	자료의 표현	평균
	6-가	경우의 수와 확률	경우의 수
중학교	7-나	도수분포와 그래프	변량, 계급, 계급의 크기, 도수, 도수분포표
	8-나	확률과 그 기본 성질	사건
고등학교	10-가	산포도와 표준편차	대푯값, 산포도, 편차, 분산, 표준편차
	수 I	행렬과 그 연산	행렬, 행, 열, 성분
		순열과 조합	순열, 조합, 이항정리
	이산수학	의사결정과 최적화	의사결정 과정, 2×2게임, 선거와 정당성

4 수업 소개

첫 번째 수업 _ 반장은 어떻게 뽑나요? (1)

여러 선거 방법을 이해하고, 각각의 방법에 대한 장점과 단점을 생각할 수 있습니다.

- 선수 학습 : 복잡한 문제 상황을 단순한 표로 나타내기, 경우의 수, 가우스 기호
- 공부 방법 : 다수에 의한 결정과 과반수의 투표, 보다의 선택이라는 선거 방법의 장점과 단점을 파악하며 그 방법을 이해하면서, 경우에 따라 어떠한 선거 방법을 선택하는 것이 좋을지에 대해 생각하는 능력을 기르도록 합니다.
- 관련 교과 단원 및 내용
- 초등학교나 중학교, 고등학교의 읽을거리 자료 및 수리 논술 자료로 활용할 수 있습니다.

두 번째 수업_반장은 어떻게 뽑나요? (2)

여러 선거 방법을 이해하고, 각각의 방법에 대한 장점과 단점을 생각할 수 있습니다.
- 선수 학습 : 순열과 조합, 행렬
- 공부 방법 : 제거를 통한 다수결과 이진비교법의 선거 방법을 이해할 때, 나타날 수 있는 조합을 빠짐없이 생각할 수 있도록 하고, 선거 과정을 효율적으로 나타내기 위해 행렬을 사용하는 것도 익히도록 합니다.
- 관련 교과 단원 및 내용
- 초등학교나 중학교, 고등학교의 읽을거리 자료 및 수리 논술 자료

로 활용할 수 있습니다.

세 번째 수업_공평한 분배 (1)−누가 피자를 자를 것인가?

공평한 분배가 무엇인지 알아보고, 어떻게 하면 공평하게 나눌 수 있는지를 생각할 수 있습니다.

- 선수 학습 : 원, 분할
- 공부 방법 : 대상을 조각으로 나눌 때, 크기로 분배하기보다는 그것이 지니는 가치를 생각할 수 있도록 하여 누구나 자신이 생각하는 것보다 동일한 가치를 더 가질 수 있도록 분배하는 것의 의미를 이해하도록 합니다. 2~3명에 대해서 공평하게 분배하였다면, 좀 더 많은 사람에 대해서는 어떻게 분배해야 하는 것이 공평한지에 대해서도 생각하도록 합니다.
- 관련 교과 단원 및 내용
- 초등학교나 중학교, 고등학교의 읽을거리 자료 및 수리 논술 자료로 활용할 수 있습니다.

네 번째 수업_공평한 분배 (2)−위대한 유산

여러 조각으로 나눌 수 없는 것에 대하여 공평한 분배는 어떻게 하는 것인지 알아봅니다.

- 선수 학습 : 정수의 사칙연산

- 공부 방법 : 대상을 조각으로 나눌 수 없을 때, 자르지 않고 그것의 가치를 다른 것으로 환산하여 교환 또는 지급하면서 분배하는 것을 생각하여 봅니다. 어떻게 할 때 좀 더 공평한가를 생각할 수 있도록 고민하는 것도 중요합니다.
- 관련 교과 단원 및 내용
- 초등학교나 중학교, 고등학교의 읽을거리 자료 및 수리 논술 자료로 활용할 수 있습니다.

다섯 번째 수업_죄수의 딜레마

선택할 수 있는 여러 전략이 있을 때, 어떤 전략을 선택하는 것이 가장 유리한지 결정할 수 있습니다.
- 선수 학습 : 행렬의 곱셈
- 공부 방법 : 선택 가능한 여러 전략이 있는 전략형게임에서는 각 결과에 대한 모든 경기자의 득실 합이 일정하지 않습니다. 따라서 모든 경기자가 동시에 성과를 얻거나 또는 잃는 것이 가능한 비영합게임과 한 집단이 이득을 보면 다른 한 집단이 손해를 보아 결국 두 집단의 이익을 전체적으로 합하였을 때 0Zero이 되는 영합게임으로 나누어 구분하는 것을 이해합니다.
- 관련 교과 단원 및 내용
- 초등학교나 중학교, 고등학교의 읽을거리 자료 및 수리 논술 자료

로 활용할 수 있습니다.

여섯 번째 수업 _ 얼마를 기대하나요?

상대방의 전략에 따라 유리한 전략이 달라질 때에 어떻게 최선의 전략
을 선택해야 할지 알아봅니다.

- 선수 학습 : 행렬의 곱셈, 기댓값^{평균}, 엑셀
- 공부 방법 : 상대방의 전략을 미리 알지 못하면 자신에게 유리한 최
  선의 전략을 알 수 없습니다. 따라서 게임에 임하는 참여자가 자신
  의 마음에 따라 전략을 선택하게 될 때, 상대방의 전략에 따라 때로
  는 유리하게 또 때로는 불리하게 적용되는 전개형게임에 대하여 이
  해하도록 합니다.
- 관련 교과 단원 및 내용
- 초등학교나 중학교, 고등학교의 읽을거리 자료 및 수리 논술 자료
  로 활용할 수 있습니다.

존 내쉬를 소개합니다

John Forbes Nash Jr. (1928~)

나는 미국 웨스트 버지니아 주 블루필드에서 태어났어요.

제2의 아인슈타인으로 불린 나는 어릴 때부터 책을 좋아하고

다른 아이들과 놀기 싫어하는 고독한 아이였답니다.

'게임이론'과 '미분기하학' 분야를 연구한 수학자이지만

경제학에 지대한 공을 세운 인물로도 유명하답니다.

1949년 〈게임이론〉에 관한 논문으로 45년 뒤인 1994년에

'노벨 경제학상賞'을 받기까지 했어요.

이 밖에도 미국 수학회에서 선정하는 '리로이 스틸상賞'을 받았고요.

'폰 노이만 이론상賞'까지 받았답니다.

나는 무엇보다 영화 〈뷰티풀 마인드〉로 많이 알려졌지요.

약 30년간 정신분열증에 걸린 나는 영화 소재가 될 만큼

순탄치만은 않은 삶을 살아왔습니다.

하지만 아내 알리사 내쉬의 사랑으로 병을 극복했고,

현재 프린스턴 대학교 교수로 재직 중입니다.

여러분, 나는 존 내쉬입니다

　나는 1928년 미국 웨스트 버지니아 주 블루필드에서 나서 엔지니어인 아버지와 교사인 어머니 사이에서 자랐습니다. 어렸을 때에는 학업부진아라는 딱지가 붙을 정도로 공부를 잘하지 못했답니다. 이런 나에게 유일한 친구는 책이었습니다. 13살에 《수학의 사람들》을 읽고 유명한 〈페르마의 정리〉를 증명한 뒤 남모를 전율을 느껴 독창적인 방식으로 문제를 해결해 보았답니다. 그리고 17살에는 카네기 공과대학에서 장학금을 받고 입학한 뒤 전국적인 수학경시대회에서 두 차례나 입상하였답니다. 20살에는 수학 학사와 석사 학위를 받은 뒤 학교 역대 최고의 장학금을 받고 프린스턴 대학원에 진학했습니다. 나는 거기에서 아인슈타인과 우주논쟁을 벌이기도 했습니다. 나는 22살에 〈비협력 게임〉이라는 27쪽짜리 논문으로 박사 학위를 받았습니다. 그 뒤 약 5년간 미국 국방성 소속 RAND연구소에서 일하면서 냉전 기의 국가 간 게임전략이론의 전문가가 되고, 30살도 안 되는 나이에 미국 매사추세츠 공과대학MIT에서 강의를 할 정도였습니다. 나는 어느새 수학계의 혜성으로 불리며 신화가 되었답니다. 30살이 되던 해 수학의 노벨상이라는 필즈 메달 수상 후보에도 오르고 아내 알리사가 임신하는 등 기쁜 일도 많았답니다. 하지만 나의 정신상태도 몹시 불안해지기 시작했습니다. 결국에는 31살에 매사추세츠 공과대학 정교수로 임명되기 직전에 정신분열증 판정을 받아 정신병원 신세를 지게 되었답니다. 그 이후로 나는 아내의 도움을 받으며 연구를 겨우 이어 갔습니다. 1990년까지 약 30년간 정신분열증을 겪게 됩니다. 하지만 나는 포기하지 않고 회복하기 위해 노력하였답니다. 그 기간 동안에 지금의 수학적 〈게임이론〉이라고 불리는 거의 모든 것들에 대한 기초를 확립하여 1978년에 '폰 노이만 이론상賞'을 받았습니다. 현재 〈게임이론〉은 경제적인 활동과 군사전략에 주로 이용되고 있습니다. 또한 심리학자들은 경쟁적 상황에서의 인간의 행동과 〈게임이론〉에 의하여 제시된 이성적 행동을 비교 분석하는 데 이용할 수 있게 되었습니다.

정신분열증이 거의 나아가던 해에는 21살에 쓴 〈게임이론〉에 관한 논문이 비로소 평가를 받아 '노벨 경제학상賞'을 수상하게 되었답니다. 돌이켜 보면 병으로 정신과 육체가 쇠약했던 나에게 그때 쓴 논문은 꿈만 같습니다. 나는 그때 곁에서 항상 응원해 주던 아내를 위해서, 그리고 지금까지 버텨온 나를 위해 연구를 계속하겠다고 다짐을 했지요. 현재는 모교 프린스턴 대학교의 교수로 지냅니다. 연구는 아직 끝나지 않았으며 나는 오히려 더욱 활발하게 연구하고 싶답니다. 나는 일종의 휴가라고 할 수 있는 부당한 망상의 공백기를 가졌기에 연구에 더욱 매진하려고 합니다. 나는 미래에 떠오를 새로운 아이디어로 어떤 값진 것을 성취할 수 있으리라는 희망을 늘 품고 있답니다.

존 내쉬가 들려주는 의사결정이론이야기

반장은 어떻게
뽑나요? (1)

여러 선거 방법을 이해하고, 장·단점을 생각해 봅니다.

여러 선거 방법을 이해하고, 각각의 방법에 대하여 장점과 단점을 생각할 수 있습니다.

미리 알면 좋아요

가우스 기호 [ ]

$[x]$란 x를 넘지 않는 최대 정수랍니다.

예 $[3.1]=3$

$[0]=0$

$[-1.7]=-2$

존 내쉬의
첫 번째 수업

존 내쉬 선생님은 교실에 들어와 칠판에다 반장 선거라고 적고
학생들을 보며 말씀하십니다.

반 장 선 거

오늘은 우리 반 반장을 뽑도록 하겠어요. 여러분이 커서 어른이 되면 선거를 하게 된답니다.

선거란, 오늘날 대부분의 나라들이 영토가 넓고 인구가 많아 국민이 직접 정치를 하는 것이 어려워 대신 정치를 할 사람을 뽑는 것이죠. 그래서 선거는 국민을 대신하여 나라의 살림을 맡아 볼 대통령이나 국회의원, 지방자치단체장과 같은 대표자를 뽑는 중요한 의사결정 과정이랍니다. 여러분은 이제 학교에서 이러한 선거를 미리 연습해 볼 거예요.

선거에는 당선되고자 하는 후보자가 있죠. 후보자는 자신을 잘 알릴 기회를 공평하면서도 많이 가지고 싶어 한답니다. 유권자는 누구를 찍는 것이 가장 바람직한지를 결정해야 합니다. 그래서 유권자는 반장 후보자에 대해 관찰할 기회를 많이 가질수록 좋답니다.

우리 반은 모두 37명인데 4명의 친구들이 반장을 하고 싶어 하는군요. 그럼 반장 후보자인 준혁, 준서, 하윤, 채은이의 생각을 들어 볼까요?

존 내쉬가 들려주는 의사결정이론 이야기

어떤가요? 잘 들었나요? 누가 과연 우리 반을 대표해 선생님과 친구들을 도와가며 멋진 반을 만들 수 있을까요? 반장은 어떻게 뽑는 것이 좋을까요?

"선생님, 가위 바위 보로 해서 이긴 사람이 해요!"

"제비뽑기는요?"

"그냥 선생님이 뽑아 주세요!"

"다수결의 원칙을 따르고 싶어요!"

순위	이름
1위	
2위	
3위	
4위	

여러 의견이 나왔어요. 그러면 이번 시간에는 여러분이 투표한 결과를 가지고 다양한 방법으로 반장을 결정해 볼까 합니다. 지금 나눠 주는 투표용지에는 4칸이 비어 있을 거예요. 여러분이 생각하기에 반장이 되면 가장 좋을 것 같은 친구를 1위 옆에 이름을 적고, 다음으로 좋을 것 같은 친구를 차례대로 2위, 3위, 4위 순서로 채워 볼까요? 이러한 방식을 투표 방법 중에서도 '복식 투표plural vote'❶라고 한답니다.

❶ 복식 투표plural vote 1명의 후보자만을 지지하는 것이 아니라 2명 이상의 후보자를 지지하는 것

이윽고 선거 도우미가 나와서 개표를 하였고 칠판에는 어느덧

존 내쉬가 들려주는 의사결정이론 이야기

다음과 같이 37명의 아이들의 투표 결과가 적혀 있습니다.

순위	이름	순위	이름	순위	이름	순위	이름	순위	이름
1위	준서	1위	채은	1위	하윤	1위	준혁	1위	채은
2위	준혁	2위	준혁	2위	채은	2위	하윤	2위	하윤
3위	채은	3위	하윤	3위	준혁	3위	채은	3위	준혁
4위	하윤	4위	준서	4위	준서	4위	준서	4위	준서
총 14표		총 10표		총 8표		총 4표		총 1표	

이제 위의 투표 결과를 가지고 반장을 선정할 수 있는 여러 방법과 각 방법에서 일어날 수 있는 여러 장단점을 살펴볼까요?

I. 다수에 의한 결정 plurality decision

존 내쉬 선생님은 1위로 당선된 학생들을 칠판에 아래와 같이 정리하였습니다.

순위	이름	순위	이름	순위	이름	순위	이름	순위	이름
1위	준서	1위	채은	1위	하윤	1위	준혁	1위	채은
총 14표		총 10표		총 8표		총 4표		총 1표	

1위 득표수는 준서가 14표, 채은이는 10표에 1표를 더하여 11표, 하윤이 8표, 준혁이 4표군요. 1위를 가장 많이 득표한 사람은 누굴까요?

"준서예요"

네, 맞아요. 14명의 표를 얻은 준서가 반장이 된답니다.

이것은 여러 의견 중에서 하나를 결정할 때 가장 간단하고 손쉽게 주로 사용하는 다수결의 원칙이랍니다. 예를 들면 친구들 여럿이서 하고 싶은 게임이 몇 가지가 있을 때 이것을 다수결로 정하면 빠르게 하나로 정할 수 있답니다. 하지만 간단하고 편리한 방법인 만큼 문제점은 없을까요?

　"소수 의견은 반영되지 않아 모두가 만족해한다고 보기 힘들 것 같아요."

　네, 맞아요. 바로 그거랍니다. 다수결의 원칙으로 의사결정을 할 때 소수의 의견이 발생합니다. 이를 대수롭지 않게 여기거나 외면할 때가 있는데, 사실 이러한 소수의 의견도 모아 보면 꽤 큰

비중을 차지할 수도 있답니다. 여러분 중에서 준서를 1위로 투표한 사람은 14명뿐이고, 나머지 23명은 준서를 1위로 뽑지는 않았습니다. 그래도 준서가 당선이 되었죠? 그리고 만약에 후보가 지금과 같이 4명으로 그치지 않고 5명, 6명과 같이 더 많은 후보가 나온다면…… 다수결의 원칙을 따를 때 10표 미만의 소수의 표를 얻은 학생이 반장이 될 수도 있답니다.

문제

체험 활동 장소 고르기

하진이네 반 체험 활동을 갈 장소를 선정하려고 한다. 아래 표는 박물관, 미술관, 동물원, 수목원에 대하여 총 30명이 투표한 결과이다.

순위 ＼ 득표	14표	9표	7표
1위	박물관	미술관	수목원
2위	미술관	박물관	미술관
3위	동물원	수목원	동물원
4위	수목원	동물원	박물관

존 내쉬가 들려주는 의사결정이론 이야기

(1) 다수에 의한 결정으로 체험 활동은 어디로 가는 것이 좋겠는가? 그리고 몇 명이 1위로 이 장소를 선정했는가?

(2) (1)에서 정한 장소를 1위로 하지 않았던 학생은 모두 몇 명인가? 그리고 (1)에서 1위로 선정한 학생의 수와 대소 관계를 비교해 보고, 그에 따른 문제점은 무엇일지 생각해 보시오.

(3) 만약 체험 활동을 가기로 한 날에 수목원이 문을 닫기로 되어 있어서 박물관, 미술관, 동물원 중에서 결정하기로 하였을 때, 체험 활동은 어디로 가게 되겠는가?

위의 문제를 보니 (1)은 다수에 의한 결정으로 장소 선정을 묻고 있네요.

주어진 표에서 1위에 대한 정보만 간추려 볼까요?

순위 \ 득표	14표	9표	7표
1위	박물관	미술관	수목원

14명이 1위로 박물관을 선정하였군요. 하지만 총 30명 중 14

명을 제외한 16명은 박물관을 1위로 뽑지 않았답니다. 따라서 박물관을 가고 싶어 하기보다는 미술관이나 수목원을 가고 싶은 학생들이 2명 더 많다는 것을 알 수 있습니다. 따라서 (2)에서 묻고 있듯 소수의 의견이었던 미술관이나 수목원의 의견을 합치면 박물관이라는 다수의 의견보다 더 많다는 것을 알게 됩니다.

한편 수목원에 갈 수 없게 되어 버린 (3)의 경우를 생각해 볼까요? 학생들이 투표했던 결과에서 수목원을 지워 보겠습니다.

득표 순위	14표	9표	7표
1위	박물관	미술관	수목원
2위	미술관	박물관	미술관
3위	동물원	수목원	동물원
4위	수목원	동물원	박물관

→

득표 순위	14표	9표	7표
1위	박물관	미술관	미술관
2위	미술관	박물관	동물원
3위	동물원	동물원	박물관

위의 표를 정리해 보면요? 1위에 대한 정보가……

순위 \ 득표	14표	9표	7표
1위	박물관	미술관	미술관

박물관이 14표, 미술관이 9＋7＝16표가 됩니다. 따라서 다수에 의한 결정으로 미술관으로 갈 수 있겠군요. 즉 수목원이 문을 닫으니 다수의 표를 얻은 장소가 박물관에서 미술관으로 이동한 것을 알 수 있습니다. 이처럼 다수에 의한 결정은 다른 의견의 영향을 받아서 1위가 뒤바뀌는 경우도 흔하게 발생한답니다.

2. 과반수의 투표 majority vote

존 내쉬 선생님은 아이들에게 37명의 과반수는 몇 명 이상인지를 묻습니다.

"37을 2로 나누면 $18\frac{1}{2}$이니깐 19명 이상만 되면 과반수예요"
그럼 이번에는 1위를 과반수 득표한 친구를 찾아볼까요?

순위	이름	순위	이름	순위	이름	순위	이름	순위	이름
1위	준서	1위	채은	1위	하윤	1위	준혁	1위	채은
총 14표		총 10표		총 8표		총 4표		총 1표	

조금 전의 다수결의 원칙에 따르면 준서가 가장 많은 14표로

반장이 되었습니다. 그러나 반수를 넘질 못했군요. 1위를 차지한 득표수가 전체 아이들의 절반을 넘어야 당선된다면 이 방법으로는 우리 반에서 반장이 될 사람이 아쉽게도 없게 됩니다.

　과반수 투표는 다수결의 원칙보다는 많은 사람들의 의견이 반영된 합리적인 결정을 할 수 있습니다. 하지만 이처럼 후보가 많은 선거에서는 당선자가 없는 경우도 발생하게 됩니다. 의사결정은 개인의 의사를 반영하여 집단 안에서 되도록이면 통합된 하나의 결과를 이끌어 내는 과정입니다. 따라서 가능한 많은 사람들이 합의한 결정이 지지를 받을 수 있답니다. 학급의 반장은 물론 체조나 다이빙 경기에서의 우승자, 올림픽 개최지의 선정과 같은 의사결정의 과정에도 과반수의 투표를 이용한답니다.

문제

올림픽 개최지 결정

올림픽 개최지는 국제 올림픽 위원회IOC에서 각 위원이 개최 후보 도시 중 하나를 선택하여 투표하고 그중에서 과반수 표를 얻은 도시로 결정된다. 만약 과반수 표를 얻은 도시가 없으면 가장 표를 적게 얻은 도시를 제외하고 나머지 도시에 대하여 다시 투표하여 같은 방식으로 결정한다.

존 내쉬가 들려주는 의사결정이론 이야기

다음은 2000년 하계 올림픽 개최지를 선정하기 위해 1993년에 행하여진 89명의 국제 올림픽 위원들의 투표 결과이다.

도시 \ 투표 수	1차 투표	2차 투표	3차 투표	4차 투표
베이징중국	32	37	40	43
시드니호주	30	30	37	45
맨체스터영국	11	13	11	
베를린독일	9	9		
이스탄불터키	7			
기권	0	0	1	1

(1) 1, 2, 3, 4차 투표에서 각각 다수의 득표를 얻은 도시는 어디인가? 각각의 투표에서 과반수를 득표한 도시가 있었는가?

(2) 4차까지 투표하였을 때의 장점과 단점을 생각해 보시오.

　올림픽 개최지는 국가가 아닌 도시로 선정합니다. 그래서 도시의 경기 운영 능력이나 시민 참여도 등을 투표에 반영하여 선정합니다. 그런데 지지율을 반 이상 얻은 도시가 없다면 제일 낮게 득표한 도시를 제외하고 투표를 다시 하기 때문에 최악의 경우에는 n개의 후보 도시가 있을 때 $(n-1)$차 투표까지 갈 수 있게 됩니다.

위 문제를 보면 올림픽 개최지를 결정할 때 5개의 도시가 경합이 붙었습니다. 그리고 결국엔 $5-1=4$차 투표까지 가는 상황이 벌어졌답니다. 문제를 보면 (1)에서 말했듯이 1차 투표에서 아시아 대륙권에 속하는 베이징이 32표로 다수의 득표를 얻었습니다. 하지만 과반수 45표를 넘지 못하였습니다. 그래서 제일 낮은 득표수인 이스탄불을 제외하고 2차 투표를 하게 됩니다. 2차 투표에서도 베이징이 제일 많은 득표수를 기록합니다. 하지만 37명으로 과반수 45표를 넘기지 못했습니다. 결국 9표를 얻은 베를린을 제외하고 3차 투표를 하게 됩니다. 3차 투표에서도 베이징이 40표를 얻으면서 제일 많은 득표를 합니다. 그러나 과반수에 가까워졌을 뿐 과반수를 넘지 못했기 때문에 맨체스터를 제외하고 시드니와 경합을 벌이는 4차 투표를 하게 됩니다. 점점 베이징의 득표가 투표를 거듭하면서 과반수에 가까워지지만 이스탄불, 베를린을 지지했던 표들 역시 시드니로 몰려 시드니도 득표율이 높아진 걸 확인할 수 있습니다. 마지막 4차 투표에서는 2개

존 내쉬가 들려주는 의사결정이론 이야기

의 도시밖에 남지 않았으므로 다수의 득표를 하면 자연히 반수를 넘게 됩니다. 그런데 뜻밖에도 맨체스터를 지지했던 표들 대부분이 시드니를 지지하게 됩니다. 결국에는 이제껏 계속 1위를 차지했던 베이징이 2위에 그치고 시드니가 올림픽 선정 도시로 결정되지요.

1차, 2차, 3차 투표에서 어느 도시도 과반수의 표를 얻지 못하였습니다. 결국 각 투표에서 가장 표를 적게 얻은 이스탄불, 베를린, 맨체스터를 차례로 제외하고 4차 투표에 이르러서야 비로소 과반수의 지지를 얻은 시드니를 올림픽 개최 도시로 결정할 수 있었습니다. 따라서 (2)에서도 언급한 것처럼 올림픽 개최 도시가 과반수의 지지를 얻어 개최된다는 점은 장점일 수 있겠죠. 그러나 1차, 2차, 3차 투표까지 가장 많은 표를 얻었던 베이징이 2000년 올림픽 개최지로 가장 유력하게 예상되었으나 이처럼 4차 투표에서 역전되어 이전의 투표 결과와는 전혀 다른 결과가 발생할 수도 있게 됩니다. 바로 이 점을 단점이라고 할 수 있지요. 즉 과반수의 투표 방법은 투표 결과를 마지막까지 전혀 예상할 수가 없다는 특징이 있습니다.

n명에 대한 과반수는 어떻게 계산하는 걸까요?

① n이 짝수이면 과반수는 $\dfrac{n}{2}+1$이고, n이 홀수이면 과반수는 $\dfrac{n+1}{2}$ 이다.

  (예) $n=50$이면 과반수는 $50\div2+1=26$이고, $n=51$이면 과반수는 $(51+1)\div2=26$이 된다.

존 내쉬가 들려주는 의사결정이론 이야기

② 가우스 기호 [ ]를 사용하면 n이 홀수든 짝수든 상관없이 과반수는 $\left[\dfrac{n}{2}\right]+1$이다. 여기서 $[x]$란 x를 넘지 않는 최대 정수를 말한다.

예 $n=98$이면 과반수는 $[89\div2]+1=[44.5]+1=44+1=45$이다.

3. 보다의 선택 Borda count method

순위	이름		순위	이름		순위	이름		순위	이름		순위	이름
1위	준서		1위	채은		1위	하윤		1위	준혁		1위	채은
2위	준혁		2위	준혁		2위	채은		2위	하윤		2위	하윤
3위	채은		3위	하윤		3위	준혁		3위	채은		3위	준혁
4위	하윤		4위	준서		4위	준서		4위	준서		4위	준서
총 14표			총 10표			총 8표			총 4표			총 1표	

　　존 내쉬 선생님은 엑셀을 이용하여 각 투표지에 1위를 차지한 후보에게 4점, 2위는 3점, 3위는 2점, 4위는 1점을 주고 모든 투표지의 점수를 합하여 각 후보가 얻은 점수를 구한 뒤 빔 프로젝터로 보이는 화면을 가리키면서 학생들에게 설명합니다.

	A	B	C	D	E	F	G	H	I	J	K	L	M	N
1														
2		항목 득표	14표		10표		8표		4표		1표		점수합계	
3		준혁	42점		30점		16점		16점		2점		106점	
4		준서	56점		10점		8점		4점		1점		79점	
5		하윤	14점		20점		32점		12점		3점		81점	
6		채은	28점		40점		24점		8점		4점		104점	
7														
8														
9														
10														

여러분 여기 엑셀 화면을 보면 학생들이 반장으로서 가장 선호하는 1위의 학생에게 4점을 주었어요. 14표에서 1위를 한 준서는 14×4점=56점을 얻었답니다. 이런 식으로 2위의 학생에게는 3점을 주면 14표에서 2위를 한 준혁이의 점수를 바로 14×3점=42점이 되겠죠?

3위에는 2점, 4위에는 1점을 주고 나면 3위를 한 채은이는 28점, 하윤이는 14점을 얻게 되는 거죠. 그럼 10표, 8표, 4표, 1표도 마찬가지로 계산하여 이 모든 점수를 후보별로 합산을 낸답니다.

그럼 점수를 합산해 볼까요?

"음…… 준혁이가 106점, 채은이가 104점, 하윤이가 81점, 준서가 79점을 얻어서 준혁이가 가장 점수가 높아요."

존 내쉬가 들려주는 의사결정이론 이야기

　준혁이 점수가 가장 높으니깐 반장이 되는 건 당연하다고 생각할 수 있겠죠? 게다가 준혁이는 가장 고르게 지지표를 얻었을 뿐만 아니라 가장 낮은 순위를 준 사람은 단 한 명도 없었기 때문에 학생들의 뜻을 가장 잘 반영한 반장이라고 할 수 있답니다. 물론 준혁이를 반장으로 선호하여 1위를 적은 사람은 37명 중 4명뿐

이고 33명은 1위는 아니지만 그래도 준혁이에게 높은 순위를 주었습니다. 결과적으로 점수가 높아졌지요. 이런 방식은 선호도를 숫자로 표현하여 객관적이고 공정하며 합리적으로 보일 수 있습니다. 하지만 이 방법을 적용한다면 준서처럼 1위를 가장 많이 차지하고도 가장 낮은 점수를 얻을 수 있답니다.

지금은 후보가 4명이지만 후보가 많을수록 경우의 수도 많아지고 계산도 복잡해지죠. 투표하는 과정을 검사하는 것 또한 복잡하고 익숙하지 않아 이것을 편리하게 할 수 있는 소프트웨어라든가 온라인 투표와 같이 제도적으로도 뒷받침이 이루어져야 앞으로도 여러 의사결정에 사용하는 것이 가능할 것 같군요.

문제

축구 감독의 선호도

다음 표는 우리나라 7명의 축구 선수 A, B, C, D, E, F, G 에게 4명의 축구 감독에 대하여 선호도에 대하여 순서를 매긴 것이다. 아래 자료는 실제로 조사한 자료가 아님.

존 내쉬가 들려주는 의사결정이론 이야기

순위＼선수	A	B	C	D	E	F	G
1위	헤딩크	퍽어슨	아드보카도	헤딩크	퍽어슨	헤딩크	헤딩크
2위	에어벡	헤딩크	퍽어슨	에어벡	헤딩크	퍽어슨	에어벡
3위	아드보카도	에어벡	헤딩크	아드보카도	에어벡	아드보카도	아드보카도
4위	퍽어슨	아드보카도	에어벡	퍽어슨	아드보카도	에어벡	퍽어슨

(1) 위의 표를 보고 보다의 선택에 의하여 선호도가 가장 높은 감독은 누구인가?

(2) (1)의 결과에서 두 번째 최고점을 받은 축구 감독은 누구인가?

(3) (1)의 결과에서 나온 가장 높은 점수를 받은 축구 감독을 제외한 3명의 감독에 대한 선호도를 관찰하여 (2)의 결과와 비교하시오.

주어진 투표 결과를 감독에 따른 순위 득점표로 정리하면 다음과 같습니다.

순위 \ 감독	점수	퍼어슨	아드보카도	에어벡	헤딩크
1위	4점	2표	1표	0표	4표
2위	3점	2표	0표	3표	2표
3위	2점	0표	4표	2표	1표
4위	1점	3표	2표	2표	0표
합계		17점	14점	15점	24점

〈표 1〉

따라서 (1)에서 가장 선호도가 높은 축구 감독은 24점을 얻은

헤딩크라고 할 수 있습니다.

(2)에서 생각해 보면 두 번째로 높은 점수를 얻은 축구 감독은

17점으로 퍼어슨이 될 수 있습니다. 우리가 흔히 선호도의 순위

를 따질 때 단순하게 생각한다면 위의 표에서 점수 순서라 생각

하고 헤딩크, 퍼어슨, 에어벡, 아드보카도 순으로 생각할 수 있겠

죠?

하지만 (3)에서 생각한 것과 같이 헤딩크를 제외하고 투표 결과

를 다시 한 번 관찰해 볼까요?

존 내쉬가 들려주는 의사결정이론 이야기

순위 \ 선수	A	B	C	D	E	F	G
1위	~~해딩크~~	퍼어슨	아드보카도	~~해딩크~~	퍼어슨	~~해딩크~~	~~해딩크~~
2위	에어벡	~~해딩크~~	퍼어슨	에어벡	~~해딩크~~	퍼어슨	에어벡
3위	아드보카도	에어벡	~~해딩크~~	아드보카도	에어벡	아드보카도	아드보카도
4위	퍼어슨	아드보카도	에어벡	퍼어슨	아드보카도	에어벡	퍼어슨

↓

순위 \ 선수	A	B	C	D	E	F	G
1위	에어벡	퍼어슨	아드보카도	에어벡	퍼어슨	퍼어슨	에어벡
2위	아드보카도	에어벡	퍼어슨	아드보카도	에어벡	아드보카도	아드보카도
3위	퍼어슨	아드보카도	에어벡	퍼어슨	아드보카도	에어벡	퍼어슨

↓

순위 \ 감독	점수	퍼어슨	아드보카도	에어벡
1위	3점	3표	1표	3표
2위	2점	1표	4표	2표
3위	1점	3표	2표	2표
합계		14점	13점	15점

〈표 2〉

그러면 에어벡이 15점으로 퍼어슨의 14점보다 앞서고 있다는 사실을 알게 됩니다. 선호도가 2위인 감독을 결정하는 문제에 있어 단순하게 생각하면 〈표 1〉에서 보듯이 퍽어슨이 될 수 있지만 보다의 선택에 의하면 〈표 2〉에서 알 수 있듯이 1위를 제거하고 생각했던 에어벡이 선택되어야 합니다. 최고점을 획득한 헤딩크를 포함하여 2위를 결정하면 퍽어슨이지만, 헤딩크를 제외하여 2위를 결정하면 에어벡이 되는 것이죠. 이는 1위가 결정되고 나서 1위의 영향력을 생각하지 않고 제외한 후 2위를 결정하는 방법으로 보다의 선택을 말하는 것이랍니다.

존 내쉬가 들려주는 의사결정이론 이야기

존 내쉬 선생님, 질문 있어요!

후보가 많은 경우 보다의 선택Borda count method은 어떻게 하는 걸까요?

n명의 후보에 대하여 투표용지에는 복식 투표가 가능하도록 한 뒤 1위부터 n위까지 우선순위를 매기도록 합니다. 1위에는 n점최고점을, 2위에는 $(n-1)$점을, 3위에는 $(n-2)$점을,…… 이런 식으로 마지막 n위에는 1점을 주고 모든 투표지의 점수를 후보별로 합산을 낸답니다. 이 중 최고점을 받은 후보는 선호도가 높은 후보로도 선택될 수 있답니다. 검표 과정과 계산 과정이 비교적 복잡하고 길어서 계산기를 사용하거나 엑셀 같은 컴퓨터 소프트웨어를 사용하게 된다면 더욱더 손쉽고 한눈에 파악할 수 있답니다.

첫번째 수업 정리

1 다수에 의한 결정

· 방법 : 득표수 중에서 가장 큰 최댓값을 선택합니다.

· 장점 : 최댓값이 항상 존재하므로 신속하게 의사결정이 가능합니다.

· 단점 : 소수의 의견을 지지하는 사람들이 다수에 의한 결정을 지지하는 사람보다 많을 수도 있어 결정이 역설적으로 낮은 지지를 받을 수 있습니다.

2 과반수의 투표

· 방법 : n명의 투표 인원의 과반수 $\left[\dfrac{n}{2}\right]+1$을 얻으면 선택합니다.

· 장점 : 과반수의 높은 지지를 받은, 합의가 된 의사결정을 합니다.

· 단점 : 과반수의 득표자가 나오지 않는 경우는 계속하여도 끝이 나지 않고, 그래서 마지막 투표 결과는 전혀 예측할 수 없습니다. 또한 후보가 많을수록 과반수가 나올 가능성이 희박합니다.

❸ 보다의 선택

· 방법 : 순위에 따라 점수를 부여하여 합계의 최고점을 선택합니다.

· 장점 : 1위뿐 아니라 다른 순위에 대한 의견을 반영하여 선택하기 때문에 주어진 후보들에 대한 선호도를 조사할 때 유용합니다.

· 단점 : 결정 방식이 다소 복잡하며 과반수의 1위를 받은 후보가 선택되지 않을 수도 있습니다.

반장은 어떻게
뽑나요? (2)

여러 선거 방법을 이해하고, 장·단점을 생각해 봅니다.

여러 선거 방법을 이해하고, 각각의 방법에 대하여 장점과 단점을 생각할 수 있습니다.

미리 알면 좋아요

조합 $_n\mathrm{C}_r = \dfrac{n!}{(n-r)!\,r!} = \dfrac{n \times (n-1) \times \cdots \times (n-r+1)}{r \times (r-1) \times \cdots \times 2 \times 1}$

이것은 n개에서 r개를 순서에 상관없이 뽑는선택하는 가짓수입니다.

예 5명의 학생들 중에서 2명의 학생을 뽑을 수 있는 것은 모두 몇 가지일까요?

$_5\mathrm{C}_2 = \dfrac{5!}{(5-2)!\,2!} = \dfrac{5 \times 4 \times 3 \times 2 \times 1}{3 \times 2 \times 1 \times 2 \times 1} = \dfrac{5 \times 4 \times 3}{3 \times 2 \times 1} = 10$

존 내쉬 선생님은 교실에 들어오셔서 학생들에게 이렇게 말을 하였습니다.

첫 번째 수업에서 어떠한 방식으로 당선자를 결정하느냐에 따라 선거 결과가 달라지는 걸 보았습니다.

"그런데요 선생님, 채은이랑 하윤이는 반장이 될 수 없는 건가요?"

글쎄요……. 그럼 이번 시간에는 과연 채은이랑 하윤이도 반장이 될 수 있는지, 있다면 어떤 방식으로 선거를 해야 하는지 알아볼까요?

4. 제거를 통한 다수결 Plurality-with-Elimination-method

순위	이름	순위	이름	순위	이름	순위	이름	순위	이름
1위	준서	1위	채은	1위	하윤	1위	준혁	1위	채은
2위	준혁	2위	준혁	2위	채은	2위	하윤	2위	하윤
3위	채은	3위	하윤	3위	준혁	3위	채은	3위	준혁
4위	하윤	4위	준서	4위	준서	4위	준서	4위	준서
총 14표		총 10표		총 8표		총 4표		총 1표	

1위 득표수는 준서가 14표, 채은이는 10표에 1표를 더하여 11표, 하윤이 8표, 준혁이 4표로군요. 대부분의 학생들이 준혁이를 1위로 가장 지지하지 않았군요.

이젠 1위를 가장 적게 차지한 후보 준혁이를 지운 후 자료를 정리해 보도록 합시다.

순위	이름
1위	준서
~~2위~~	~~준혁~~
3위	채은
4위	하윤
총 14표	

순위	이름
1위	채은
~~2위~~	~~준혁~~
3위	하윤
4위	준서
총 10표	

순위	이름
1위	하윤
2위	채은
~~3위~~	~~준혁~~
4위	준서
총 8표	

순위	이름
~~1위~~	~~준혁~~
2위	하윤
3위	채은
4위	준서
총 4표	

순위	이름
1위	채은
2위	하윤
~~3위~~	~~준혁~~
4위	준서
총 1표	

순위	이름
1위	준서
2위	채은
3위	하윤
총 14표	

순위	이름
1위	채은
2위	하윤
3위	준서
총 10표	

순위	이름
1위	하윤
2위	채은
3위	준서
총 8표	

순위	이름
1위	하윤
2위	채은
3위	준서
총 4표	

순위	이름
1위	채은
2위	하윤
3위	준서
총 1표	

순위	이름
1위	준서
2위	채은
3위	하윤
총 14표	

순위	이름
1위	채은
2위	하윤
3위	준서
총 11표	

순위	이름
1위	하윤
2위	채은
3위	준서
총 12표	

그러면 남은 후보에 대하여 다시 1위의 득표수를 관찰하면 준서가 14표, 채은이가 11표, 하윤이가 12표를 얻었기 때문에 마찬가지 방식으로 1위를 가장 적게 한 사람을 찾아보면 채은이라는 것을 알 수 있어요. 그럼 마지막으로 이제 채은이를 제외한 투표 결과를 정리해 보도록 하죠.

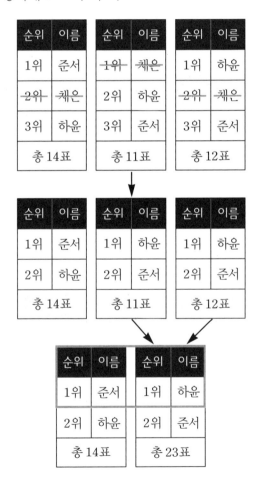

존 내쉬가 들려주는 의사결정이론 이야기

자, 그럼 이제 최종적으로 남은 준서와 하윤이에 대해서 1위의 득표수를 보니 준서가 14표, 하윤이는 23표를 얻게 되었군요. 따라서 이렇게 1위를 가장 적게 차지한 후보자를 차례로 제외해 나가면서 마지막에 남은 후보가 당선되는 방법에 의해 하윤이가 반장이 될 수 있답니다. 우리는 이것을 '제거를 통한 다수결' 이라고 합니다.

어떤 장르의 영화를 좋아하나요?

55명의 학생들 모두가 영화관에서 단체 할인을 받고 단체 관람을 하려고 할 때, 어떠한 영화를 볼 것인가에 대하여 결정하려고 한다.

순위＼득표	18표	12표	10표	9표	4표	2표
1위	H	C	R	F	A	A
2위	F	A	C	R	C	R
3위	A	F	A	A	F	F
4위	R	R	F	C	R	C
5위	C	H	H	H	H	H

앞의 표는 현재 상영 중인 영화가 코미디C, 액션A, 로맨스R, 공포H, 가족F 영화와 같이 다섯 가지 장르에 각각 속하고 있어 이러한 장르에 관한 선호도를 조사한 것이다. 다음 물음에 답하시오. 단, 35명 이상이 1개의 영화를 선택해야만 단체 할인을 받을 수 있다.

(1) 55명 중 35명 이상이 모두 1위로 꼽은 장르가 있는가?

(2) 제거를 통한 다수결에 의해 결정하면 어떤 장르의 영화를 볼 수 있겠는가? (1)의 결과와 비교하여 생각해 보시오.

1교시에서 과반수 투표에 의하면 55명의 과반수 28명 이상이 지지해야 함을 배웠죠?

그러면 35명 이상이 단체 관람을 하려면 당연히 반수를 넘어야 할 텐데요. 하지만…… 현재는 과반수 득표를 넘는 장르가 없습니다. 18표로 가장 우세한 H 장르도 과반수라고 할 수 없는 상황이죠. 따라서 (1)에서 물은 35명 이상이 모두 1위로 지지한 장르는 없답니다.

그러면 (2)에서 말하는 제거를 통한 다수결에 의하면 어떤 장르의 영화가 결정될까요?

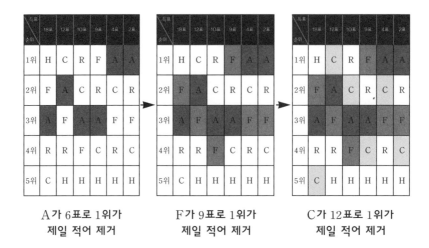

A가 6표로 1위가
제일 적어 제거

F가 9표로 1위가
제일 적어 제거

C가 12표로 1위가
제일 적어 제거

따라서 남은 H와 R만 정리하면 다음과 같습니다.

순위 \ 득표	18표	12표	10표	9표	4표	2표
1위	H	R	R	R	R	R
2위	R	H	H	H	H	H

H:R＝18:37이므로 R 장르인 로맨스 영화를 볼 수 있겠네요. 따라서 과반수의 지지를 얻어야 하는 상황에서 그냥 다수결을 통해 H 장르인 공포 영화를 관람했다면, 37명의 학생들은 괴로워했을 수도 있었겠지요? 따라서 이러한 제거를 통한 다수결

존 내쉬가 들려주는 의사결정이론 이야기

에 의해 안전하게 37표를 얻은 로맨스 영화를 봄으로써 단체 할인을 받으며 단체 관람이 가능해집니다.

5. 이진비교법Method of pairwise comparisons[2]

이젠 두 사람씩 짝을 이루게 해 선호도를 비교하는 방법을 이용해 보도록 합시다.

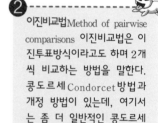

2 - - - - - - - - - - - - - -

이진비교법Method of pairwise comparisons 이진비교법은 이진투표방식이라고도 하며 2개씩 비교하는 방법을 말한다. 콩도르세Condorcet방법과 개정 방법이 있는데, 여기서는 좀 더 일반적인 콩도르세 방법을 다룬다.

준서, 준혁, 채은, 하윤 이렇게 네 사람 중 두 사람씩 짝을 지어 비교해 볼까요?

그럼 먼저 네 사람 중에 두 사람을 뽑는 방법은 몇 가지인지 알아보겠습니다.

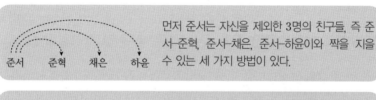

먼저 준서는 자신을 제외한 3명의 친구들, 즉 준서-준혁, 준서-채은, 준서-하윤이와 짝을 지을 수 있는 세 가지 방법이 있다.

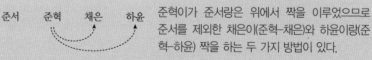

준혁이가 준서랑은 위에서 짝을 이루었으므로 준서를 제외한 채은이(준혁-채은)와 하윤이랑(준혁-하윤) 짝을 하는 두 가지 방법이 있다.

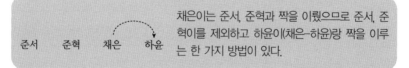

채은이는 준서, 준혁과 짝을 이뤘으므로 준서, 준혁이를 제외하고 하윤이(채은-하윤)랑 짝을 이루는 한 가지 방법이 있다.

따라서 모든 경우는 3＋2＋1＝6가지가 있답니다.

아래의 표는 선호도의 득표수를 정리한 것입니다.

순위	이름
1위	준서
2위	준혁
3위	채은
4위	하윤
총 14표	

순위	이름
1위	채은
2위	준혁
3위	하윤
4위	준서
총 10표	

순위	이름
1위	하윤
2위	채은
3위	준혁
4위	준서
총 8표	

순위	이름
1위	준혁
2위	하윤
3위	채은
4위	준서
총 4표	

순위	이름
1위	채은
2위	하윤
3위	준혁
4위	준서
총 1표	

중요 포인트

n명에 대해 2명만 짝을 짓는 것은 모두 몇 가지일까요?

① n명 중에서 제일 첫 번째 사람이 짝을 이루는 경우는 $(n-1)$ 가지 경우이고 그다음 두 번째 사람이 짝을 이루는 경우는 $(n-2)$가지 경우이고, 이런 식으로 끝까지 생각하면 결국엔 맨 마지막 $(n-1)$번째 사람은 한 가지 경우만 있다.

따라서 우리가 구하고자 하는 가짓수는

$(n-1)+(n-2)+(n-3)+\cdots+1$이다.

존 내쉬가 들려주는 의사결정이론 이야기

이것을 S라 두면 $S=(n-1)+(n-2)+(n-3)+\cdots+1$이고

$$
\begin{array}{rrrrrrrrr}
S= & (n-1)+ & (n-2)+ & (n-3)+ & \cdots+ & 3 + & 2 + & 1 \\
+) \; S= & 1 + & 2 + & 3 + & \cdots+ & (n-3)+ & (n-2)+ & (n-1) \\
\hline
2S= & n + & n + & n + & \cdots+ & n + & n + & n=n\times(n-1)
\end{array}
$$

$$\therefore S=\frac{n\times(n-1)}{2}$$

예 4명에 대해서 2명씩 짝을 이루는 경우는

$$3+2+1=\frac{4\times(4-1)}{2}=6 \text{가지이다.}$$

② 조합을 이용하면 꼭 2명만 뽑지 않고 r명을 뽑을 때에도 사용할 수 있어 편리하다. n명 중에서 2명을 뽑는 방법은

$$_nC_2=\frac{n!}{(n-2)!2!}=\frac{n\times(n-1)\times\cancel{(n-2)}\times\cancel{(n-3)}\times\cdots\times\cancel{1}}{\cancel{(n-2)}\times\cancel{(n-3)}\times\cdots\times\cancel{1}\times2\times1}$$

$$=\frac{n\times(n-1)}{2} \text{이므로}$$

위의 결과와 일치함을 알 수 있다.

한편 n명 중에서 r명을 뽑는 방법은 다음과 같다.

$$_nC_r=\frac{n!}{(n-r)!r!}=\frac{n\times(n-1)\times\cdots\times(n-r+1)}{r\times(r-1)\times\cdots\times2\times1}$$

그러면 여섯 가지 경우를 각각 비교하여 표가 더 많은 후보에게는 1점, 표가 적은 후보에게는 0점을, 비겼을 때에는 0.5점을

줍니다. 이런 방법으로 각 후보가 얻은 점수의 합을 구하여 그 합이 가장 높은 후보를 뽑아 보도록 하겠어요.

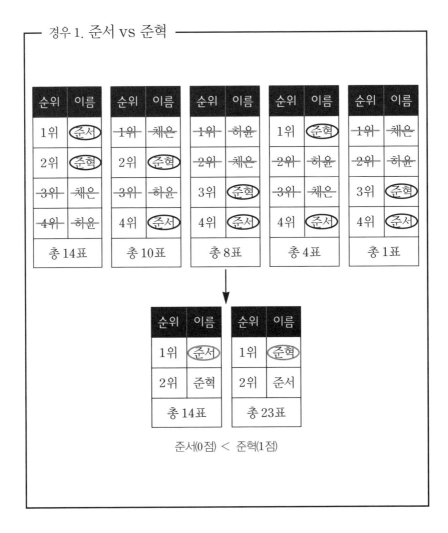

경우 1. 준서 vs 준혁

순위	이름
1위	준서
2위	준혁
3위	채은
4위	허윤
총 14표	

순위	이름
1위	채은
2위	준혁
3위	허윤
4위	준서
총 10표	

순위	이름
1위	허윤
2위	채은
3위	준혁
4위	준서
총 8표	

순위	이름
1위	준혁
2위	허윤
3위	채은
4위	준서
총 4표	

순위	이름
1위	채은
2위	허윤
3위	준혁
4위	준서
총 1표	

순위	이름
1위	준서
2위	준혁
총 14표	

순위	이름
1위	준혁
2위	준서
총 23표	

준서(0점) < 준혁(1점)

존 내쉬가 들려주는 의사결정이론 이야기

┌─ 경우 2. 준서 vs 채은 ─────────────────────────────────┐

순위	이름
1위	준서
2위	준혁
3위	채은
4위	하윤
총 14표	

순위	이름
1위	채은
2위	준혁
3위	하윤
4위	준서
총 10표	

순위	이름
1위	하윤
2위	채은
3위	준혁
4위	준서
총 8표	

순위	이름
1위	준혁
2위	하윤
3위	채은
4위	준서
총 4표	

순위	이름
1위	채은
2위	하윤
3위	준혁
4위	준서
총 1표	

↓

순위	이름
1위	준서
2위	채은
총 14표	

순위	이름
1위	채은
2위	준서
총 23표	

준서(0점) < 채은(1점)

└──┘

┌─ 경우 3. 준서 vs 하윤 ─────────────────────────

Table 1 (총 14표):

순위	이름
1위	준서
2위	준혁
3위	채은
4위	하윤
총 14표	

Table 2 (총 10표):

순위	이름
1위	채은
2위	준혁
3위	하윤
4위	준서
총 10표	

Table 3 (총 8표):

순위	이름
1위	하윤
2위	채은
3위	준혁
4위	준서
총 8표	

Table 4 (총 4표):

순위	이름
1위	준혁
2위	하윤
3위	채은
4위	준서
총 4표	

Table 5 (총 1표):

순위	이름
1위	채은
2위	하윤
3위	준혁
4위	준서
총 1표	

↓

순위	이름
1위	준서
2위	하윤
총 14표	

순위	이름
1위	하윤
2위	준서
총 23표	

준서(0점) < 하윤(1점)

존 내쉬가 들려주는 의사결정이론 이야기

경우 4. 준혁 vs 채은

순위	이름
~~1위~~	준서
2위	(준혁)
3위	(채은)
~~4위~~	~~하윤~~
총 14표	

순위	이름
1위	(채은)
2위	(준혁)
~~3위~~	~~하윤~~
~~4위~~	준서
총 10표	

순위	이름
~~1위~~	~~하윤~~
2위	(채은)
3위	(준혁)
~~4위~~	준서
총 8표	

순위	이름
1위	(준혁)
~~2위~~	~~하윤~~
3위	(채은)
~~4위~~	준서
총 4표	

순위	이름
1위	(채은)
~~2위~~	~~하윤~~
3위	(준혁)
~~4위~~	준서
총 1표	

순위	이름
1위	(준혁)
2위	채은
총 18표	

순위	이름
1위	(채은)
2위	준혁
총 19표	

준혁(0점) < 채은(1점)

경우 5. 준혁 vs 하윤

순위	이름
~~1위~~	~~준서~~
2위	(준혁)
~~3위~~	~~채은~~
4위	(하윤)
총 14표	

순위	이름
~~1위~~	~~채은~~
2위	(준혁)
3위	(하윤)
~~4위~~	~~준서~~
총 10표	

순위	이름
1위	(하윤)
~~2위~~	~~채은~~
3위	(준혁)
~~4위~~	준서
총 8표	

순위	이름
1위	(준혁)
2위	(하윤)
~~3위~~	채은
~~4위~~	준서
총 4표	

순위	이름
~~1위~~	~~채은~~
2위	(하윤)
3위	(준혁)
~~4위~~	준서
총 1표	

순위	이름
1위	(준혁)
2위	하윤
총 28표	

순위	이름
1위	(하윤)
2위	준혁
총 9표	

준혁(1점) > 하윤(0점)

존 내쉬가 들려주는 의사결정이론 이야기

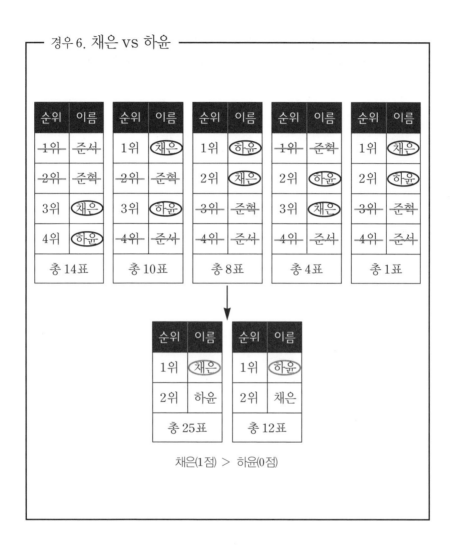

경우 6. 채은 vs 하윤

순위	이름
~~1위~~	~~준석~~
~~2위~~	~~준혁~~
3위	(채은)
4위	(하윤)
총 14표	

순위	이름
1위	(채은)
~~2위~~	~~준혁~~
3위	(하윤)
~~4위~~	~~준석~~
총 10표	

순위	이름
1위	(하윤)
2위	(채은)
~~3위~~	~~준혁~~
~~4위~~	~~준석~~
총 8표	

순위	이름
~~1위~~	~~준석~~
2위	(하윤)
3위	(채은)
~~4위~~	~~준석~~
총 4표	

순위	이름
1위	(채은)
2위	(하윤)
~~3위~~	~~준혁~~
~~4위~~	~~준석~~
총 1표	

순위	이름
1위	(채은)
2위	하윤
총 25표	

순위	이름
1위	(하윤)
2위	채은
총 12표	

채은(1점) > 하윤(0점)

위의 결과에 대하여 대진표를 작성하고 점수를 부여해 볼까요?

그렇다면 이때 점수의 합이 가장 큰 후보는 누구일까요?

본인＼상대방	준서	준혁	채은	하윤	합계
준서	·	0	0	0	0
준혁	1	·	0	1	2
채은	1	1	·	1	3
하윤	1	0	0	·	1

❸
행렬matrix 행렬은 여러 개의 수 또는 문자를 직사각형 모양으로 순서 있게 배열하고 괄호로 묶어 놓은 것.

❹
4×4행렬 가로의 줄을 행row 이라 하여 위에서부터 차례로 제1행, 제2행, …이라고 하고, 세로의 줄을 열column이라 하여 왼쪽에서부터 제1열, 제2열, …이라고 한다. 이때 행이 m개, 열이 n개인 행렬을 '$m \times n$행렬'이라 한다. 한편, 행의 개수와 열의 개수가 같은 행렬을 정사각행렬이라 하여 본문과 같이 행과 열의 개수가 모두 4개인 행렬을 '4차 정사각행렬'이라고 한다.

"준서는 0점, 준혁이는 2점, 채은이는 3점, 하윤이는 1점을 얻어서 채은이가 점수의 합이 가장 커요. 채은이가 반장으로 뽑히는데요?"

맞습니다. 사실 여기서 관찰하면, 네 후보의 점수를 모두 합하여 보면 $0+2+3+1=6$점으로 처음에 우리가 여섯 가지 경우에 대하여 이기든, 지든, 비기든 각각 1점을 부여하기 때문에 두 값이 같을 수밖에 없다는 걸 알 수 있지요.

참고로 대진표 안의 0과 1로 이루어진 수를 행렬❸로 표현해 보면 4×4행렬❸로 나타낼 수 있답니다.

존 내쉬가 들려주는 의사결정이론 이야기

·	0	0	0
1	·	0	1
1	1	·	1
1	0	0	·

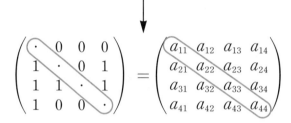

$$\begin{pmatrix} · & 0 & 0 & 0 \\ 1 & · & 0 & 1 \\ 1 & 1 & · & 1 \\ 1 & 0 & 0 & · \end{pmatrix} = \begin{pmatrix} a_{11} & a_{12} & a_{13} & a_{14} \\ a_{21} & a_{22} & a_{23} & a_{24} \\ a_{31} & a_{32} & a_{33} & a_{34} \\ a_{41} & a_{42} & a_{43} & a_{44} \end{pmatrix}$$

이라고 할 수 있죠.

이때 대각선을 중심으로 대칭되는 성분[5]끼리는 합이 1이 됨을 알 수 있지요. 즉

$$a_{12}+a_{21}=0+1=1 \quad a_{13}+a_{31}=0+1=1 \quad a_{14}+a_{41}=0+1=1$$

$$a_{23}+a_{32}=0+1=1 \quad a_{24}+a_{42}=0+1=1$$

$$a_{34}+a_{43}=1+0=1$$

이 됩니다.

앞으로는 여러분도 대진표를 작성할 때 바로 이러한 관계나 성질들을 파악하면 좀 더 정확하면서도 쉽게 투표 결과를 정리하고

❺ 성분 성분은 행렬을 이루고 있는 각각의 수 또는 문자로서 보통 a_{ij}는 i행 j열의 성분을 말함.

확인할 수 있게 된답니다. 이진비교법으로 반장이 된 채은이에게

우리 모두 축하의 박수를 보낼까요?

존 내쉬가 들려주는 의사결정이론 이야기

이상한 투표

어느 회사에서는 후보자 A, B, C, D, E 중에서 새 이사를 뽑기로 하여 100명의 회사 임직원들이 직접 투표에 참여하기로 하였다. 아래의 표는 투표 결과이다.

순위＼득표	49표	48표	2표	1표
1위	D	E	A	A
2위	B	B	E	D
3위	C	A	B	E
4위	A	C	C	C
5위	E	D	D	B

(1) 이진비교법을 이용하여 이사로 뽑힐 사람은 누구인지 찾아 보시오.

(2) 만약 후보 E가 투표가 진행된 상황에서 갑자기 기권을 하여 재선거를 할 때, 모든 투표자들은 후보 E만 없다고 생각하고 이전과 같은 후보에게 투표하려고 한다. 이러한 상황에서 누가 이사에 당선되는지 이진비교법으로 찾아보고, (1)의 결과와 비교하여 생각해 보시오.

먼저 이진비교법을 하기 위해서 5명 중에서 2명을 뽑는 방법부터 알아볼까요?

$4+3+2+1=\dfrac{5\times(5-1)}{2}={}_5C_2=10$가지입니다. 즉

A:B, A:C, A:D, A:E, B:C, B:D, B:E, C:D, C:E, D:E인 것이죠.

후보 간 비교	득표수	점수
A:B	3:97	B:1점
A:C	51:49	A:1점
A:D	51:49	A:1점
A:E	52:48	A:1점
B:C	99:1	B:1점

후보 간 비교	득표수	점수
B:D	50:50	B:0.5점 D:0.5점
B:E	49:51	E:1점
C:D	50:50	C:0.5점 D:0.5점
C:E	49:51	E:1점
D:E	50:50	D:0.5점 E:0.5점

위의 표를 정리하면 A:3점, B:2.5점, C:0.5점, D:1.5점, E:2.5점으로 합계 10점을 만족합니다.

이것을 대진표로 만들어 보면 다음과 같이 만들 수 있습니다.

존 내쉬가 들려주는 의사결정이론 이야기

상대방 / 본인	A	B	C	D	E	합계
A	·	0	1	1	1	3
B	1	·	1	0.5	0	2.5
C	0	0	·	0.5	0	0.5
D	0	0.5	0.5	·	0.5	1.5
E	0	1	1	0.5	·	2.5

대각성분끼리의 합이 1이 되는 것을 눈으로 확인할 수 있겠죠?

따라서 (1)의 물음인 이진비교법에 의해서는 A가 이사로 뽑히게 됩니다.

그럼 이제 (2)에서 진행되는 이상한 투표를 살펴볼까요? 갑작스레 후보 E가 기권을 하게 되고 재선거를 시행할 때, 투표자들은 이전과 같은 후보에게 투표를 하게 되는군요.

그러면 우리는 방금 (1)을 풀면서 실시했던 일련의 과정을 또다시 되풀이 할 필요가 없이 대진표를 활용할 수 있습니다. 100명의 투표자들이 후보 A, B, C, D에 매긴 순위는 변함이 없기 때문입니다. 따라서 두 후보 간의 득표수가 변함이 없게 됩니다. 그러므로 E에 대한 결과만을 지우면 된답니다.

상대방＼본인	A	B	C	D	E	합계
A	·	0	1	1	1	3
B	1	·	1	0.5	0	2.5
C	0	0	·	0.5	0	0.5
D	0	0.5	0.5	·	0.5	1.5
E	0	1	1	0.5	·	2.5

→

상대방＼본인	A	B	C	D	E	합계
A	·	0	1	1	~~1~~	3>2
B	1	·	1	0.5	~~0~~	2.5
C	0	0	·	0.5	~~0~~	0.5
D	0	0.5	0.5	·	~~0.5~~	1.5>1
~~E~~	~~0~~	~~1~~	~~1~~	~~0.5~~	—	~~2.5~~

그러면 A:2점, B:2.5점, C:0.5점, D:1점으로 총합계 6점을 만족하며, 우리는 후보 E의 기권으로 후보 B가 당선되는 것을 알 수 있답니다.

이처럼 어떤 후보가 제외되느냐 또는 어떤 후보가 참여하느냐에 따라서 똑같은 투표 결과임에도 다른 후보가 당선되는 결과가 나오게 됩니다.

존 내쉬 선생님은 칠판에 다음과 같이 적습니다.

존 내쉬가 들려주는 의사결정이론 이야기

1. 다수에 의한 결정 - 준서
2. 과반수의 투표 - 없음
3. 보다의 선택 - 준혁
4. 제거를 통한 다수결 - 하윤
5. 이진비교법(콩도르세의 방법) - 채은

"와 정말 신기해요! 똑같은 투표 결과인데도 당선자를 결정하는 다섯 가지 방법에 따라 우리 반 4명의 후보 모두가 당선될 수 있네요?"

정말, 놀랍죠? 사실 이것 말고도 더 많은 선거 방법이 있답니다. 우리는 지금까지 칠판에 적은 대로 다섯 가지 선거 방법에 대해 알아보았고, 그것이 지닌 좋은 점과 문제점도 알아보았답니다. 이제 여러분은 선거 성격에 맞는 당선자 결정 방법을 선택하는 것이 얼마나 중요한가를 깨달았을 겁니다. 따라서 어떤 투표 방식이 우리 반의 상황에 적합한가를 따져 본 후에 반장을 뽑아야 하겠지요? 그건 이제 여러분의 몫이랍니다.

존 내쉬 선생님, 질문 있어요!

선거 방식에는 여러 가지가 있다고 하셨는데, 어떠한 조건들을 만족해야 공정하고 정당한 선거라고 할 수 있을까요?

미국의 경제학자 케네스 애로Kenneth Joseph Arrow는 아래의 네 가지 조건을 동시에 만족하는 선거 방식이 존재하지 않음을 증명했답니다.

① 1위를 차지한 후보자의 표수가 전체 투표수의 절반을 넘으면 그 후보자를 당선자로 한다.
② 두 후보자끼리만 선호도를 비교할 때, 한 후보자가 언제나 다른 후보자보다도 더 선호되면 그 선거의 당선자가 된다.
③ 당선자는 몇 명의 투표자가 이전보다 당선자에게 더 유리하게 투표하고, 나머지 투표자는 이전과 같은 후보자에게 투표한 재선거에서도 당선된다.

④ 당선자는 한 낙선자가 사퇴하여 그 낙선자를 제외한 후
재검표해도 또 다시 당선된다.

잘 살펴보면 ①은 다수결의 투표, ②는 이진비교법, ③은 제
거를 통한 다수결, ④는 콩도르세의 방법이진비교법이 가질 수 있
는 문제점을 보완한 문장이랍니다. 따라서 공정한 선거에서는
이처럼 네 가지 조건을 고려하여 당선자를 결정하도록 하고 있
답니다.

두번째
수업 정리

① 제거를 통한 다수결

· 방법 : 1위를 가장 적게 차지한 후보자를 차례로 제외하면서 마지막에 남은 후보가 당선됩니다.

· 장점 : 극소수의 의견과 같은 위험 요소를 제거하여 적어도 안전한 의사결정입니다.

· 단점 : 몇 명의 투표자가 이전보다 당선자에게 더 유리하게 투표하고 나머지 투표자는 이전과 같은 후보에게 투표한 재선거에서는 낙선될 수 있습니다.

② 이진비교법콩도르세의 방법

· 방법 : 두 후보를 비교하여 우세한 후보에게는 1점, 열세한 후보에게는 0점, 비겼을 때에는 0.5점을 주어 각 후보가 얻은 점수의 합이 가장 큰 후보가 당선됩니다.

· 장점 : 두 후보 간의 더 좋은 평가를 받는 선호도를 조사할 때보다 유용합니다.

· 단점 : 당선자는 한 낙선자가 사퇴하여 그 낙선자를 제외한 후 재검표하면 낙선될 수 있는 문제점을 갖고 있습니다. 즉 다른 후보에 의해 당선의 여부는 영향을 크게 받습니다.

공평한 분배 (1)
-누가 피자를
자를 것인가?

공평한 분배를 알아보고, 그 방법을 생각해 봅니다.

공평한 분배가 무엇인지 알아보고, 어떻게 하면 공평하게 나눌 수 있는지를 생각할 수 있습니다.

미리 알면 좋아요

원은 중심각이 360°랍니다. 만약에 원을 이등분하면 원의 중심을 지나면서 중심각이 360°÷2＝180°인 합동인 반원 2개가 된답니다. 이런 식으로 부채꼴 모양으로 3등분을 하려면 한 부채꼴의 중심각은 360°÷3＝120°랍니다. 따라서 부채꼴 모양으로 n등분을 할 때, 한 부채꼴의 중심각은 $\dfrac{360°}{n}$랍니다.

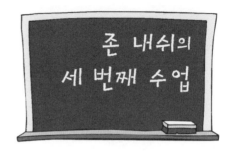

존 내쉬의
세 번째 수업

일요일 점심, 존 내쉬 선생님은 준서, 준혁이를 데리고 오랜만에 피자를 먹기로 하였습니다.

막상 피자를 주문하고 맛있는 토핑이 올려진 피자가 나오니 준서와 준혁이도 군침이 돕니다. 그런데 피자는 쉽게 조각을 낼 수 있도록 나온 게 아니라 잘리지 않은 채 롤러 칼과 함께 나옵니다.

존 내쉬 선생님은 준혁이와 준서를 보면서 이야기하십니다.

그럼 이제 피자를 공평하게 나눠 보기로 할까요? 만약 내가 피자를 먹지 않는다고 할 때 준혁이와 준서 둘이서 공평하게 나누어 먹으려면 어떻게 하는 것이 좋을까요? 한 사람은 칼을 들고 잘라야 하고, 나머지 한 사람은 잘린 것을 선택해야 하겠지요? 일단은 먼저 준혁이와 준서 중에서 누가 피자를 자르고 싶나요?

준혁이가 대답합니다.

"아무래도 제가 공평하게 잘 자를 수 있을 것 같아요. 제가 해 볼게요."

존 내쉬가 들려주는 의사결정이론 이야기

1. 피자를 공평하게 두 조각으로 나누기

원래의 피자   준혁이가 본 피자   준서가 본 피자

존 내쉬 선생님은 미소를 지으며 묻습니다.

원 모양인 피자를 정확히 2등분을 하려면 원의 중심을 지나야 합니다. 준혁이는 그렇게 잘랐다고 생각하겠지요? 그럼 1:1 비율, 즉 A 조각도 전체의 50%, B 조각도 전체의 50%라는 얘기인데……. 그럼 준혁이는 A 조각을 먹든, B 조각을 먹든 상관이 없단 얘기로군요. 그럼 준서는 어떻게 생각하나요? 준혁이가 자른 조각들이 똑같은 크기로 보이나요?

그러자 준서는 살며시 얘기합니다.

"실은 아까부터 생각했는데…… 준혁이가 A 조각이라고 보는 것이 전체의 60%는 충분히 넘게 보이거든요? 그래서 B 조각은 전체의 40%도 못 미친다고 보여요. 즉 제가 생각했을 때엔 A 조각이 훨씬 더 커 보여요."

존 내쉬 선생님이 다음과 같이 표를 만들며 이야기를 시작합니다.

존 내쉬가 들려주는 의사결정이론 이야기

	A 조각	B 조각
준혁	50%	50%
준서	60%	40%

	A 조각	B 조각
준혁	50%	(50%)
준서	(60%)	40%

　준혁이는 아까도 말했듯 자신이 공평하게 잘랐기 때문에 자신이 볼 때는 반반으로 나누었다고 볼 수 있답니다. 하지만 정말 그럴까요? 상대방인 준서는 그렇게 생각하지 않을 수 있답니다. 사실 준서는 준혁이가 자를 때부터 불공평하다는 표정이었어요. 그럼 이렇게 할까요? 준혁이는 어떤 조각을 먹어도 상관없을 테니 준서가 먹고 싶은 조각을 먼저 먹도록 해도 괜찮겠지요? 준서 생각에는 당연히 더 많은 조각이 A 조각이니깐 준혁이는 B 조각을 먹겠군요. 바로 이것을 '공평한 분배'라고 합니다. 두 사람 모두 자신이 원하는 피자 조각을 먹었으니 만족할 수 있는 상태로 공평하다고 할 수 있겠네요. 누군가가 불만을 가지는 상황은 공평하다고는 할 수 없으니까요. 그리고 잘 따져 보면, 준혁이는 B 조각이니깐 피자의 50%를 먹었다고 생각하고, 준서는 A 조각이니깐 피자의 60%를 먹었으므로 둘이 합하여 피자의 110%를 먹게 되는 거죠. 결국 피자가 가지는 진가眞價는 100%인데 이것을

넘어섰으니 우린 피자를 공평하게 분배한 거랍니다. 10% 이익까지 보면서 분배했다고 생각할 수 있는 거지요.

자, 그럼 보아하니 피자 크기가 작은 것 같은데, 선생님도 배도 고파지니 피자를 한 판 더 시켜서 이젠 셋이서 공평하게 나눠 먹어 볼까요?

 잠시 쉬어 갈까요?

분배에 관한 문제로써, 다음과 같은 예를 대부분의 학생이 한 번쯤은 겪었을 것이다. 같은 점, 다른 점에 대해 토론해 보는 것도 다양한 분배의 형태를 이해하는 데 좋은 활동이 될 것이다.

부자인 노인이 사망하면서 23마리의 노새를 세 아들에게 남겼다. 노인은 유언에서
"큰아들은 유산의 $\frac{1}{2}$을 가지고, 둘째 아들은 $\frac{1}{3}$, 셋째 아들은 $\frac{1}{8}$로 정확히 나누어 가지도록 해라."라는 말을 남겼다.

23마리의 노새를 $\frac{1}{2}$, $\frac{1}{3}$, $\frac{1}{8}$로 나누기 어려운 이들은 서로 사이가 좋지 않아 양보도 하지 않았다. 그래서 이들은 수학

자 존 내쉬에게 찾아가 누구도 손해 보지 않고 유산을 나누
어 주도록 의뢰를 했다. 명석한 두뇌를 가진 존 내쉬는 한참
을 생각하다 이들에게 조용히 말했다.

"자, 이제부터 유산을 분배합니다."

과연 존 내쉬는 어떻게 했겠는가?

힌트 : 존 내쉬는 노새 1마리를 23마리에 더한 다음 분배합니다. 그러면 당연하게
남은 1마리의 노새는 다시 존 내쉬가 가져갑니다.

2. 피자를 공평하게 세 조각으로 나누기

아까는 준혁이가 잘라 보았으니 준서가 잘라보도록 하는 게 어
떨까요? 그리고 준혁이가 자른 피자를 보고 각 조각이 전체의 몇
%를 차지하는지 자신의 생각을 적어 볼까요?

준서가 본 피자　　　　　준혁이가 본 피자　　　　존 내쉬 선생님이 본 피자

	A 조각	B 조각	C 조각
준서	$33\frac{1}{3}\%$	$33\frac{1}{3}\%$	$33\frac{1}{3}\%$
준혁	45%	20%	35%
존 내쉬	35%	35%	30%

준혁이가 표를 보고 알겠다는 듯이 말합니다.

"공평한 분배를 사용하면 준서는 어떠한 조각을 먹어도 상관이 없겠네요? 그러니깐 존 내쉬 선생님과 제가 먼저 조각을 선택하고 준서는 남은 조각을 먹으면 되겠네요. 그러면 저는 A 조각이 제일 커 보이고, 존 내쉬 선생님은 또 A와 B 조각이 공평하게 보

존 내쉬가 들려주는 의사결정이론 이야기

이므로 선생님이 B 조각, 제가 A 조각, 준서가 C 조각을 먹으면 공평한 분배가 될 거예요. 그리고 선생님께서 생각한 B 조각 35%, 제가 생각한 A 조각 45%와 준서가 생각한 C 조각 $33\frac{1}{3}$%를 모두 합치면 $113\frac{1}{3}$%로 피자를 효율적으로 먹게 된 것 같아요."

	A 조각	B 조각	C 조각
준서	$33\frac{1}{3}\%$	$33\frac{1}{3}\%$	$33\frac{1}{3}\%$
준혁	45%	22%	33%
존 내쉬	35%	35%	30%

준서도 준혁이의 말이 옳다고 생각하는지 고개를 끄덕입니다. 그러자 가만히 듣고 계시던 존 내쉬 선생님이 갑자기 표를 수정하면서 이야기하십니다.

	A 조각	B 조각	C 조각
준서	$33\frac{1}{3}\%$	$33\frac{1}{3}\%$	$33\frac{1}{3}\%$
준혁	45%	22%	33%
존 내쉬	40%	30%	30%

잠시 내가 피자를 잘못 관찰한 것 같네요. 처음에는 A와 B 조각이 같게 보였는데 지금 보니 확실히 A 조각이 더 크게 보이네요. 그래서 A 조각은 35%에서 40%로, B 조각은 35%에서 30%로 바꾸면 어떻게 해야 공평한 분배가 될 것 같나요? 이렇게

존 내쉬가 들려주는 의사결정이론 이야기

되면 준혁이도 나도 똑같은 A 조각을 선호하게 되는데, 이것을 어떻게 해결하는 것이 좋을까요?

준서가 잠시 생각하더니 얘기합니다.

"일단 제가 A, B, C 조각 중에서 어떤 것을 가져가도 상관없는데, 이왕이면 준혁이도 그렇고, 선생님도 제일 작다고 생각했던 B 조각을 제가 먹을게요."

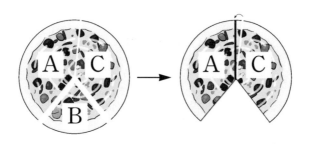

내가 처음에 A와 B 조각에 대한 평가를 바꾸기 전에는 준서가 선택권이 없었던 거 기억하나요? 그때에는 준혁이와 내가 먹고 싶은 피자 조각이 달랐기 때문에 우리가 선택하고 남은 것을 준서가 선택했었지만, 지금은 오히려 상황이 바뀌었답니다. 이렇게 준서가 먼저 선택해서 가져가고 남은 조각은 A와 C 조각을 다시

이어 붙인 다음, 나랑 준혁이랑 2명이 공평하게 분배하는 문제로
바꾸면 어떨까요? 음…… 이 문제는 이렇게 해결할 수 있답니다.
나와 준혁이 중 한 사람이 A와 C 조각을 이어 붙인 상태에서 정
확히 반이라 생각하는 만큼 자른 뒤 다른 한 사람이 선택을 하는
것이죠. 좀 복잡하겠지만 이런 식으로 한다는 것을 파악하고 나
면 4~5사람이 공평한 분배를 할 때에도 이렇게 전개될 수 있다
는 걸 이해할 수 있게 됩니다.

생일 파티

하윤이의 생일 파티에 참석한 채은이와 하진이는 케이크를 나
누어 먹으려고 한다. 다음 표는 하윤이가 케이크를 세 조각으
로 잘랐을 때 하윤이, 채은이, 하진이가 생각한 케이크 조각의
가치 비율이다.

	A 조각	B 조각	C 조각
하윤	$33\frac{1}{3}\%$	$33\frac{1}{3}\%$	$33\frac{1}{3}\%$
채은	35%	29%	36%
하진	36%	30%	34%

존 내쉬가 들려주는 의사결정이론 이야기

(1) $\frac{1}{3}$ 이상인 조각을 모두 적는다면 채은이와 하진이는 각각 무엇을 적겠는가?

(2) 하윤이, 채은이, 하진이는 케이크를 어떻게 나누어야 하는가?

채은이는 A 조각에 35%, C 조각에 36%의 가치가 있다고 보고 있고, 하진이는 A 조각에 36%, C 조각에 34%의 가치가 있다고 생각합니다. 결국 (1)에서 채은이와 하진이가 적은 조각은, 둘 다 A 조각과 C 조각이 됩니다. 한편 (2)에서처럼 모두가 불만이 없도록 케이크를 분배하려면 채은이가 C 조각, 하진이가 A 조각, 하윤이가 B 조각을 먹으면 된답니다.

세계 지도 색칠하기

준오와 준혁, 이진, 채은이는 다음의 세계 지도를 보고 공평하게 나누어 색칠하기로 했다. 준오가 다음 그림과 같이 선을 그어서 A, B, C, D로 분할했다고 한다. 그리고 준혁이와 이진, 채은이에게 어떠한 부분이 마음에 드는지 물었다. 준혁이는 B와 D, 이진이는 A와 B, 채은이는 A가 마음에 든다고 했다.

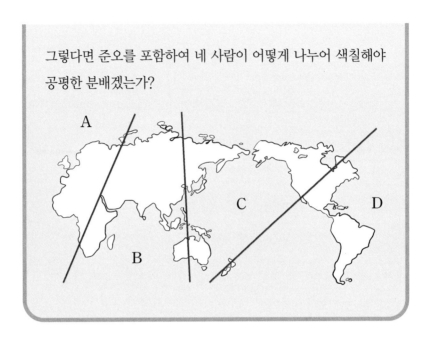

그렇다면 준오를 포함하여 네 사람이 어떻게 나누어 색칠해야
공평한 분배겠는가?

  선택자 중에서 채은이가 A가 마음에 들 때, 이진이는 자동적
으로 B가 결정된답니다. 이에 따라 준혁이는 D를 택하면 분할을
한 준오는 마지막에 남은 C를 가지는 것이 가장 모두에게 마음에
드는 분배가 되는 거지요.

  이처럼 공평한 분배가 이루어지기 위해서는 분할자를 뽑아 나
누게 한 뒤, 나머지 선택자들이 자신이 생각했을 때 $\frac{1}{n}$ 이상의 가
치를 가지는 구역을 발표하게 하고 분배를 하면 된답니다.

존 내쉬가 들려주는 의사결정이론 이야기

존 내쉬와 함께하는, 한 걸음 더!

세 사람 A, B, C가 아래와 같이 케이크를 나누는 방법은 과연 공평한 분배일까요?

① 먼저 A가 케이크를 두 조각으로 나눕니다.

② B가 위의 두 조각 중 하나를 선택하고 나머지를 A가 갖습니다.

③ A, B는 ②에서 얻은 케이크를 각각 세 조각으로 나눕니다.

④ C는 ③에서 A가 나눈 세 조각 중 하나와 B가 나눈 세 조각 중 하나를 선택합니다.

이러한 문제와 같이 공평하게 나눌 수 있는 또 다른 방법은 없을까요? 궁금하다고요? 아쉽지만 오늘 수업은 여기까지입니다. 그럼 다음 시간에 다시 만나요.

∴세번째
수업 정리

공평한 분배 Fair Division

· 모두가 불만이 없도록 분배하는 방법입니다.

· 유의점 : 분배에 참여하는 사람이 여러 조각으로 나눌 수 있을 때에 크기가 아닌 그것의 가치로 판단하여야 합니다. 분배하고 난 뒤의 크기가 모두 똑같을 필요는 없습니다.

· 방법 : 한 사람이 나누고 다른 사람이 선택하여 $n(n \geq 3)$명이 참여했을 때 자신이 적어도 $\frac{1}{n}$보다 조금이라도 많이 차지했다고 생각하도록 분배합니다. 단, 공평한 분배가 되려면 반드시 나누는 사람과 선택하는 사람은 구별되어야 합니다. 먼저 나누는 사람을 정하거나 둘 이상에서 하나를 선택해야 할 때에는 주사위를 굴리거나 제비뽑기 방법을 이용하면 좋습니다.

(1) 피자를 공평하게 두 조각으로 나누기–준혁이와 준서

① 먼저 준혁이가 케이크를 두 조각으로 나눕니다.

② 준서는 준혁이가 나눈 두 조각 중 한 조각을 선택합니다.

③ 남은 한 조각을 준혁이가 갖습니다.

(2) 피자를 공평하게 세 조각으로 나누기-준서, 준혁, 존 내쉬 선생님

① 먼저 준서가 피자를 세 조각으로 나눕니다.

② 준혁이, 존 내쉬 선생님은 각각 세 조각 중 $\frac{1}{3}$ 이상이라고 생각하는 조각을 모두 적습니다.

③ 준혁이와 존 내쉬 선생님이 적은 조각을 보고

　　㉠ 서로 다른 조각이 있으면, 준서에게 선택권은 없습니다. 준혁이와 존 내쉬 선생님이 적은 조각을 서로 다르게 하나씩 주고 남은 조각을 준서에게 줍니다.

　　㉡ 같은 조각을 하나만 적은 경우엔, 준서에게 선택권이 있습니다. 나머지 두 조각 중 한 조각을 준서가 선택하고, 남은 한 조각과 준혁이와 존 내쉬 선생님이 적어낸 조각을 합쳐서 한 덩이로 만듭니다. 그리고 다시 둘이서 공평하게 피자를 나눕니다. 이때 둘이서 누가 자를 것인가는 제비뽑기나 주사위를 던져서 정할 수도 있습니다.

공평한 분배 (2)
-위대한 유산

여러 조각으로 나눌 수 없는 것을 어떻게 해야
공평한 분배가 가능한지 그 방법을 알아봅니다.

네 번째 학습 목표

여러 조각으로 나눌 수 없는 것에 대하여 공평한 분배는 어떻게 하는 것인지
알아봅시다.

미리 알면 좋아요

분배distribution 몫몫이 나눔, 배분配分 경제학에서 생산자가 생산에 참여하
여 공헌한 비율에 따라 고르게 소득이 돌아가게 하는 과정을 이르는 말입
니다.

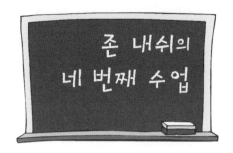

1. 화목한 두 형제의 유산 분배

존 내쉬 선생님은 사이좋은 두 형제의 이야기를 시작합니다.
존 내쉬 선생님은 학생들과 문제를 해결해 보면서 다양한 분배의
형태에 대해 알아보기로 하였습니다.

옛날 어느 한 마을에 늙은 홀어머니와 사이좋은 두 아들
이 살았습니다. 비록 아버지를 여의었지만 그래도 화목한

가정을 이루며 알콩달콩 살았답니다. 그런데 어느 날부턴가 늙은 홀어머니는 몹쓸 병에 걸려 몸이 쇠약해져 갔습니다. 두 형제는 지극 정성으로 어머니를 돌보았지만 건강을 되찾지는 못했답니다. 결국 돌아가시게 되었지요. 어머니는 돌아가시기 전에 이렇게 말씀하셨습니다.

"가난하여 너희들에게 물려줄 것이 없구나. 평소에 소중하게 여기던 조각보와 서책, 그리고 물레를 줄 테니 사이좋게 나누어 가지거라. 넉넉하진 않겠지만 살아가는 데 그래도 도움을 줄……"

사이좋은 두 형제는 어머니의 장례를 치르고, 유언에 따라 조각보와 서책, 물레를 꺼내어 서로 나누어 가지기로 했어요.

마음씨 좋은 형은 동생에게 이 모든 것을 주려 하였습니다. 착한 동생 역시 이러한 유품을 형수와 아이들이 있는 형에게 주려고 하였습니다. 서로 양보하기에 바빴습니다. 결국 두 형제는 어머니의 유언대로 세 가지 유품을 나눌 수

존 내쉬가 들려주는 의사결정이론 이야기

가 없었답니다. 그래서 두 형제는 유품을 일단 비싼 값으로 되팔아 서로에게 도움을 주고자 했습니다. 두 형제는 세 유품의 가격을 알아보려고 각각 시장조사를 해 보았답니다.

형은 아랫마을에 가 보니 어느 양반 댁에서 조각보를 230냥에 사겠다고 하였고, 서책은 윗마을 훈장님에게 가면 한 권에 30냥 해서 두 권이면 60냥은 충분히 얻을 수 있다는 얘기를 들었으며, 마지막으로 물레는 옆 마을에 사는 아낙네가 약 550냥 정도면 사려는 것을 알았습니다. 한편 동생도 발품을 팔아 조각보는 300냥, 서책은 40냥, 물레는 400냥이면 팔 수 있는 것을 알았습니다.

어떻게 하면 사이좋은 형제가 공평하게 재산을 나눌 수 있을까요?

이제 우리가 형과 동생의 어려움을 해결해 줄까요?

그런데 우선 생각해 보아야 할 문제가 발생합니다. 어떤 문제일까요?

"음…… 선생님, 조각보를 사이좋게 나누어 주려면 조각보를 둘로 나누어야 하나요?"

"서책은 2권이니깐 1권씩 나눠 가지는 것이 어떨까요?"

조각보나 물레는 반으로 나눌 수 없는 하나의 사물들이기 때문에 형과 동생이 나누어 가질 수 없답니다. 만약 조각보를 가위로 반으로 자른다고 해서 정확히 반으로 나누었다고 할 수 있을까요? 오히려 본래의 가치를 떨어뜨리는 행동이라 할 수 있겠지요. 무엇보다 조각보를 다치지 않도록 하는 것이 중요하겠지요. 그럼 이러한 문제를 어떻게 해결하는 것이 좋을까요?

"음…… 선생님. 옛날에 사람들이 물물교환을 하다가 화폐를 사용하게 된 것처럼, 현금으로 바꾸어서 계산한다면 해결할 수 있지 않을까요?"

네, 그렇습니다. 그렇다면 각 유품을 되도록 비싼 가격에 팔 수 있는 사람에게 주고, 현금으로 바꾼 뒤 상황을 생각해 보기로 하죠. 그러면 형과 동생이 시장조사를 한 결과를 다음과 같이 표로 정리해 볼까요?

(단위 : 냥)

	조각보	서책	물레
형	230	60	550
동생	300	40	400

형과 동생은 이 세 가지 유품을 최대한 비싼 값으로 되팔아 이

를 공평하게 나눠야 한답니다. 형과 동생이 각각 조각보, 서책, 물레를 팔았을 때 값으로 받을 수 있는 최대한의 가격을 알아볼까요?

	조각보	서책	물레	합계	몫
형	230	60	550	840	420
동생	300	40	400	740	370

형은 유품을 팔아서 230＋60＋550＝840냥을 가질 수 있을 거라 생각하고, 동생은 300＋40＋400＝740냥을 가질 수 있을 거라 생각하겠군요. 그러면 형은 반을 나눈 몫으로 420냥을 가지고, 동생도 420냥을 가질 수 있다고 보겠네요. 동생 또한 형이 740냥의 반인 370냥을 가질 수 있을 거라 생각하겠지요?

그러면 형과 동생이 높은 가격으로 되팔았을 때 기대되는 금액을 차근히 계산하도록 하겠습니다. 조각보는 누가 파는 것이 모두에게 이익이 될까요?

"동생이 300냥에 팔 수 있으므로 형보다는 70냥을 더 받게 되네요? 그럼 조각보는 동생이 팔 때 형제에게 이익이 되겠네요."

존 내쉬가 들려주는 의사결정이론 이야기

	조각보	서책	물레	몫	이익(손해)		지급된 후	나머지의 반		최종 몫
형	·	60	550	420	+190	→	+120	+60	→	480
동생	300	·	·	370	−70		0	+60		430

조각보는 동생이, 서책과 물레는 형이 높은 가격에 팔 수 있답니다. 따라서 동생은 300냥을 형은 60＋550＝610냥을 얻을 수 있는 셈이죠. 그런데 형은 자신이 가질 수 있을 거라 생각했던 420냥보다 무려 190냥이 많고 동생은 자신의 몫이라 여겼던 370냥보다 70냥이 부족하단 것을 알게 되죠. 따라서 형은 동생에게 70냥을 주고, 그래도 남은 120냥을 서로 공평하게 60냥씩 나누어 가진답니다. 그러면 형은 애초에 생각했던 420냥보다 60냥이 많은 480냥을, 동생은 370냥보다 60냥 많은 430냥이 됩니다. 이것이 바로 공평하게 유품을 분배한 것이 되겠습니다. 따라서 형은 서책과 물레를 파는 대신 동생에게 현금으로 130냥을 주면 동생은 조각보를 팔아도 공평하게 분배가 된 것입니다. 이것이 바로 공평한 분배랍니다. 사실 따지고 보면 480−430＝50냥 만큼 형이 동생보다 더 가진 것이 되지만, 형은 동생보다 서책과 물레를 더 많은 돈을 주고 팔 수 있는 능력이 되므로 그만큼 형이 기

대하는 몫은 동생이 기대하는 몫보다는 높아야 되겠지요? 물론 동생이 더 적게 가진 것을 알면 형이 또 도와주려고 애쓸지도 모르지만요.

회사의 처분

국제적으로 험난한 경제 흐름과 맞물려 자금난 등의 어려운 내부 사정으로 회사를 공동 운영하던 기태와 송주는 회사를 정리하고자 한다. 함께 소유하고 있었던 건물, 자동차, 토지, 재고 상품, 현금을 나누기로 하였는데, 다음 표는 각 재산의 가치를 기태와 송주가 각각 적어낸 것이다.

(단위 : 만 원)

	기태	송주
건물	10000	8800
자동차	1400	2000
토지	4000	6000
재고 상품	3800	3000
현금	2000	2000
합계	21200	21800

(1) 기태와 송주가 생각하는 자신의 몫을 구하고, 소유한 것 중 가장 높게 평가한 사람에게 우선 배정했을 때, 아래의 표를 이용하여 공평하게 분배를 하려면 현금으로 각각 얼마를 지불하거나 받아야 하는가?

	기태	송주
몫		
할당된 금액		
지불할 금액		

(2) (1)에서 지불할 금액이 양인 사람이 지불하는 돈으로 지불할 금액이 음인 사람에게 그 사람의 몫을 채워 주고 남는 나머지 금액을 구하여라.

(3) (2)에서 지불하고 남은 금액을 반으로 나눠 가졌을 때, 기태와 송주가 공평하게 얻은 재산은 결과적으로 얼마인가?

　어려운가요? 잘 생각해 보세요. 기태는 건물과 재고 상품, 송주는 자동차와 토지를 가장 높게 평가하였으므로 (1)에서 말할 것과 같이 각자에게 분배해 주어야 한답니다. 현금은 동등하게 반씩 나누어 1000만 원을 각자 가지는 것이 좋겠군요.

(단위 : 만 원)

	기태	송주
건물	10000	8800
자동차	1400	2000
토지	4000	6000
재고 상품	3800	3000
현금	2000	2000
합계	21200	21800

그러면 기태는 $21200 \div 2 = 10600$만 원, 송주는 $21800 \div 2 = 10900$만 원을 자신의 몫으로 생각하게 되겠네요. 한편 건물과 재고 상품, 현금을 합한 기태는 $10000 + 3800 + 1000 = 14800$만 원을, 자동차, 토지, 현금을 가진 송주는 $2000 + 6000 + 1000 = 9000$만 원을 가질 거라고 생각하므로 (2)에서 물었듯이 각자가 지불하거나 받아야 하는 금액을 아래와 같이 구할 수 있게 됩니다.

존 내쉬가 들려주는 의사결정이론 이야기

	기태	송주
몫	10600	10900
할당된 금액	14800	9000
지불할 금액	4200	−1900

그럼 (3)에서 송주가 지급받아야 하는 1900만 원을 주고 난 기태의 현금은 4200−1900=2300만 원이고, 이 금액을 반씩 나누면 1150만 원이 됩니다. 이를 할당된 금액에 합산하면 기태는 총 11750만 원을, 송주는 12050만 원을 가지게 된답니다. 어떤가요? 생각보다는 어렵지 않죠?

2. 현실적으로 약간 어려운 상속 분배

존 내쉬의 친구는 요즘 고민에 빠졌습니다. 그는 토마스, 앤드류, 제이미 세 자녀에게 집과 땅을 상속하고 싶어합니다. 그러나 그는 아직 집과 땅을 팔지 않기를 원합니다. 이처럼 존 내쉬의 친구는 집과 땅을 팔지 않은 상태에서 세 자녀 모두에게 만족하도록 분배하기를 원합니다.

고민에 고민을 거듭한 친구는 자신의 세 자녀에게 상속에 관한 사실을 알립니다. 집과 땅에 얼마의 가치가 있는지 각자의 의견을 적어 내도록 했습니다. 친구는 이것을 들고 존 내쉬 선생님께 찾아온 것입니다.

(단위 : 달러)

	토마스	앤드류	제이미
집	27300	21300	24600
땅	4200	5100	7500

존 내쉬가 들려주는 의사결정이론 이야기

내 친구의 문제를 함께 고민해 보면서 상속 분배 문제를 해결해 보도록 하겠어요.

상속 분배는 개인뿐만 아니라 사회적으로도 여러 복합적인 문제를 수반한답니다. 대표적으로 세금의 한 종류인 상속세라는 것이 있습니다. 부모의 경제적인 능력 덕분에 자녀가 상속받게 되는 재산은 사회적으로도 어느 정도 공헌하기 위해서 국가가 강제적으로 상속자에게 상속세를 지불하도록 요구를 합니다. 여기서는 그런 복합적인 부분은 생각하지 않기로 하고, 다만 부동산이라는 것에 중점을 두기로 하겠습니다. 부동산이라는 가치는 시대 상황에 따라 변합니다. 따라서 상속하는 시점에 상속자가 원하는 만큼의 현금으로 바꾸는 것은 어렵습니다. 내 친구의 고민도 집과 땅이라는 부동산을 팔지도 않은 채 미래에 기대되는 가치를 판단하여 재산을 분배하려 하는 것일지 모릅니다. 따라서 우리는 주어진 집과 땅을 공평하게 분배하는 것과 동시에 세 자녀 중, 누가 집과 땅의 소유권을 가질 때 최적일지도 곰곰이 생각해 보겠습니다.

그럼 일단 우리가 앞에서도 해 보았듯이 세 자녀 각자가 기대하는 몫을 계산해 보아야 하겠지요?

	토마스	앤드류	제이미
집	27300	21300	24600
땅	4200	5100	7500
합계	31500	26400	32100
기대하는 몫	10500	8800	10700

우선 집에 관해서만 생각해 볼까요? 세 자녀 중 집에 가장 높은 가치를 평가하는 사람은 누구죠?

"토마스예요!"

만약에 토마스가 집을 가지지 않고, 앤드류가 집을 가지거나 제이미가 집을 가지게 되면 전체적인 이익은 늘어날까요? 줄어들까요?

앤드류는 집을 토마스가 생각하는 27300달러보다 6000달러나 낮게, 제이미보다 3300달러나 낮게 가치를 평가하고 있어요. 만약 집을 현금으로 모두 바꾸어서 생각해 본다면 각자 생각하는 몫은 다음과 같겠군요.

	토마스	앤드류	제이미
집	27300	21300	24600
몫	9100	7100	8200
합계	24400		

만약에 앤드류가 집을 가진다면 앤드류는 21300달러를 가지게 되는 셈이죠. 전체가 생각하는 몫 24400달러에서 3100달러가 부족하다는 것을 깨닫게 될 겁니다. 즉 토마스에게는 9100달러를, 제이미에게는 8200달러를 현금으로 주고 나면 자신은 남은 4000달러에서 3100달러가 부족해지는 어려운 상황에 놓이겠군요.

한편 제이미가 집을 가진다면 결국 24600달러가 생기는 것이 됩니다. 토마스에게는 9100달러를, 앤드류에게는 7100달러를 주고 나면 8400달러가 남고 거기서 자신의 몫 8200달러를 가지게 되면 정확히 200달러만 남겠군요. 앤드류가 집을 가지는 상황보다는 현금으로 환산했을 때 별로 부족하진 않지만 그다지 많은 이익이 남지 않는다는 것을 알 수 있습니다.

그러면 누가 집에 대한 소유권을 가지는 것이 좋을까요?

"선생님 너무 쉬워요. 그건 바로 집에 대해 가장 높은 가치를 평가했던 토마스잖아요!"

네, 맞아요. 그럼 땅은 누가 소유하는 것이 나을까요?

"역시 땅에 대해서 가장 높은 가치를 평가한 제이미예요."

그렇죠. 잘 알고 있군요. 이제 상속되는 재산을 가장 높게 평가한 사람에게 우선 배정해야 한다는 사실을 바탕으로 집은 토마스에게, 땅은 제이미에게 배정해 볼까요? 그런 다음에 각자가 생각한 몫에서 부족하거나 남은 것을 공평하게 배분하도록 그 차액을 계산해 보겠습니다.

(단위 : 달러)

	토마스	앤드류	제이미
집	27300	~~21300~~	~~24600~~
땅	~~4200~~	~~5100~~	7500
배당된 금액	27300	0	7500
기대하는 몫	10500	8800	10700
이익(손해)	16800	−8800	−3200

위의 표를 보면 토마스는 이익이 16800달러로 양수인데 반해 앤드류는 8800달러, 제이미는 3200달러 앞에 ㅡ마이너스라는 음

수 부호가 있는데 무슨 의미일까요?

"토마스가 집을 가지게 되면 자신이 생각한 것보다 많은 금액을 가지게 되요. 이것을 현금으로 환산한 가치만큼 이익이 남게 되는데요? 하지만 앤드류나 제이미는 이익보다는 손해가 발생하므로 이것을 반대인 음수로 표현한 것 같아요."

네, 맞습니다. 그러면 이제 이익을 가지고 각자의 몫을 채워 볼까요? 토마스에게 생긴 이익 16800달러 중에서 현금으로 앤드류에게 8800달러, 제이미에게는 3200달러를 지불해 주도록 해 볼게요.

(단위 : 달러)

	토마스	앤드류	제이미
이익(손해)	16800	−8800	−3200
남은 금액	4800	0	0

토마스는 앤드류에게, 제이미에게 필요한 몫을 주고도 남은 금액이 4800달러군요. 이 금액을 균등하게 3명으로 나누어 각각 1600달러 공평하게 이익을 나누어 가지면, 공평한 분배는 끝나게 됩니다.

	토마스	앤드류	제이미
기대했던 몫	10500	8800	10700
공평한 이익	1600	1600	1600
최종 가지는 몫	12100	10400	12300

    그러면 모두 어떻게 재산을 분배했는지 정리해 볼까요? 토마스는 집인 27300달러를 가지는 대신 27300－12100＝15200달러를 현금으로 내어놓아야 합니다. 한편 제이미는 땅을 가지므로 7500달러를 가지는 대신에 부족한 몫인 12300－7500＝4800달러를 토마스가 내어놓은 돈에서 가져가면 됩니다. 그러면 결과적으로 집과 땅을 가지지 못한 앤드류는 현금 15200토마스－4800제이미＝10400달러를 가지면서 세 사람은 모두 공평하게 각자가 기대한 몫보다 1600달러를 더 가지게 되는 것이 된답니다.

    정리해 보면,

집과 땅은 각각 그 값을 가장 비싸게 책정한 사람에게 판 결과와 같아서 그 총액은 각 상속자들이 적어낸 금액의 총액보다 조금이라도 크게 되겠지요. 따라서 토마스나 앤드류, 그리고 제이미 모두는 자기가 생각한 몫보다 더 많이 받게 된답니다. 이러한 방법으로 유산을 상속 분배하면 각 상속자가 유산을 받은 몫 외에 나머지를 현금으로 지불할 수 있어야 하는 현실적인 어려움도 있을 수 있답니다.

이것은 다음 표와 같이 정리해 볼 수 있습니다.

(단위 : 달러)

	토마스	앤드류	제이미
집	+27300	·	·
땅	·	·	+7500
현금	-15200	+10400	+4800
기대했던 몫	10500	8800	10700
최종 가지는 몫	12100	10400	12300

문제

상속 문제

다음은 상속자 A, B, C, D가 부모로부터 상속받을 재산의 가치를 나타낸 것이다. 아래의 표를 보고 상속자 A, B, C, D 에게 공평하게 분배하시오.

	A	B	C	D
보석	2200	2500	2110	1980
서화	400	300	470	520
수목	2800	2400	2340	1900

어떤가요? 문제가 어렵다고 느껴지나요? 당황해 하지 말고 함께 풀어 보도록 하겠습니다. A, B, C, D 모두가 기대하는 금액과 몫을 구하고 재산의 가치를 가장 높게 평가한 사람에게 그 해당 재산을 배당하도록 해 보겠습니다.

	A	B	C	D
보석	2200	2500	2110	1980
서화	400	300	470	520
수목	2800	2400	2340	1900
합계	5400	5200	4920	4400
몫	1350	1300	1230	1100
배당된 금액	2800	2500	0	520
이익(손해)	1450	1200	−1230	−580

이익(손해)의 총합을 계산해 보면,

$1450+1200+(-1230)+(-580)=840$이므로 각자의 기대하는 몫보다 $840 \div 4$명$=210$만큼 이익을 가질 수 있겠군요. 따라서 최종적으로 가지게 되는 몫은 다음과 같습니다.

	A	B	C	D
배당된 금액	2800	2500	0	520
최종 결정된 몫	1560	1510	1440	1310

위의 표를 보면 알 수 있듯

A는 수목을 가지고 현금을 1240을 내어 놓고

B는 보석을 가지고 현금을 990을 내어 놓고

C는 현금을 1440을 가지며

D는 서화를 가지고 현금 790을 가지는 것으로 공평한 분배가
해결된답니다.

존 내쉬가 들려주는 의사결정이론 이야기

네번째
수업 정리

❶ 화목한 두 형제의 유산 분배

·특징 : 실제 주어진 사물을 조각 내거나 공평하게 나누는 것이 불가능한 경우.

·공평한 분배의 방법 : 사물의 가치를 현금으로 되팔아 기대되는 몫에서 동등한 이익을 취할 수 있도록 액수를 계산하여 나누면 됩니다.

❷ 현실적으로 약간 어려운 상속 분배

·특징 : 조각을 내는 것뿐만 아니라 현금으로 바꾸기도 쉽지 않은 부동산 같은 경우.

·공평한 분배의 방법 : 기대되는 가치를 가장 높게 책정한 사람에게 소유권을 주고 이것을 현금으로 팔 수 있을 것으로 기대되는 금액의 차액만큼을 현금으로 재분배하면 됩니다.

·어려움 : 상속자가 유산을 받은 몫 이외의 나머지를 현금으로 지불할 수 있는 현실적인 상황이어야 합니다.

죄수의 딜레마

어떤 전략을 선택하는 것이 가장 유리한지를
알아봅니다.

선택할 수 있는 여러 전략이 있을 때, 어떤 전략을 선택하는 것이 가장 유리한지 결정할 수 있습니다.

미리 알면 좋아요

게임이론theory of games 경쟁자들이 상대편의 대응행동을 꼼꼼하게 따져보며 자신의 이익을 효과적으로 달성하기 위해 전략을 합리적으로 선택하는 행동을 수학적으로 분석하는 이론입니다.

⑴ 사용되는 분야 : 군사학, 경제학, 경영학, 정치학, 심리학 분야 등이 있습니다.

⑵ 구성요소 : **경쟁자**게임에 참여하는 의사결정자, **전략**경쟁자에게 주어진 행동대안, **이익 또는 성과**전략을 선택했을 때, 게임의 결과로서 경쟁자가 얻는 보상.

⑶ 게임의 형태 : **전략형게임**결정게임과 **전개형게임**비결정게임으로 나누어짐. 전략형게임이란 상대방의 전략에 관계없이 자신의 최선의 전략이 결정되는 게임이고, 전개형게임은 상대방의 전략을 미리 알지 못하면 자기의 최선의 전략을 알 수 없으며, 게임에 임하는 참여자가 자기의 마음에 따라 전략을 결정하며 그러한 전략은 상대방의 전략에 따라 자기에게 때로는 유리하게 또 때로는 불리하게 적용됩니다.

존 내쉬의
다섯 번째 수업

1. 어느 죄수의 딜레마[6]

존 내쉬 선생님은 어느 두 죄수에 관한 유명한
이야기를 시작하십니다.

어떤 사건의 2명의 피의자[7]가 체포되어 서로
다른 취조실에서 심문을 받고 있었어요. 그들은
서로 이야기를 나눌 수 없게 된 거예요. 그들은

❻
딜레마dilemma 선택해야 할
길은 두 가지 중 하나로 정해
져 있는데, 그 어느 쪽을 선택
해도 바람직하지 못한 결과가
나오게 되는 곤란한 상황. '궁
지'로 순화. 같은 말 : 양도논
법.

❼
피의자 범죄의 혐의가 있어서
수사 기관의 수사 대상이 되
었으나, 아직 죄가 밝혀지지
않은 사람.

죄를 자백하느냐 마느냐에 따라서 다음과 같은 처지에 놓이게 된답니다.

> · 둘 중 하나가 배신하여 죄를 자백하면 자백한 사람은 즉시 풀어 주고, 나머지 1명이 10년을 복역해야 한다.
> · 둘 모두 서로를 배신하여 죄를 자백하면 둘 모두 5년을 복역한다.
> · 둘 모두 죄를 자백하지 않으면 둘 다 6개월만 복역한다.

과연 이들이 어떻게 했을 것 같나요?

존 내쉬가 들려주는 의사결정이론 이야기

존 내쉬 선생님은 이러한 물음을 던지고, 칠판에 상황을 표로
정리해 주십니다.

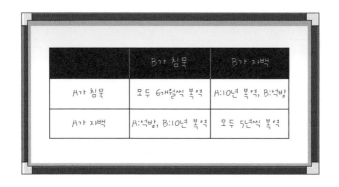

	B가 침묵	B가 자백
A가 침묵	모두 6개월씩 복역	A:10년 복역, B:석방
A가 자백	A:석방, B:10년 복역	모두 5년씩 복역

만약 여러분이 죄수의 입장이 되어 보면 어떨까요?

"선생님, 제가 죄수 A의 입장이라면 침묵하고 있다가 상대방

B가 자백할 수도 있잖아요. 그럼 저만 10년 복역하게 되고……
제일 최악의 상황인 것 같은데요? 저는 차라리 죄를 자백하겠어
요."

하지만 죄수 A가 침묵을 하고 있을 때 B가 침묵을 하면 되지
않을까요? 그런 상황이 일어날 순 없을까요?

"그건 어려울 것 같아요. 만약에 A와 B가 체포되기 전에 서로
의 범행에 대해서 입을 꾹 다물기로 했다면 몰라도요."

	B가 침묵
A가 침묵	모두 6개월씩 복역
A가 자백	A : 석방, B : 10년 복역

그러면 A 입장에서는 B가 침묵을 할 것이 정말로 확실한 게
되니까 위의 표를 생각해 보면 더욱더 A는 B와의 약속을 어기더
라도 자백을 해서 6개월이라도 복역하지 않는 것이 더 이익이겠
군요. 그렇지요?

"하지만 선생님, B도 A와 마찬가지 입장이지 않을까요? B도
이런 식으로 생각해서 자백해 버릴 수 있잖아요. 그러면 처음부

터 둘이 침묵하기로 했던 것과 반대의 경우가 될 수 있어요. 그렇게 되면 둘다 5년은 복역해야 해요."

네, 맞아요. 이러한 생각의 바탕에는 오늘날 사람들이 상대방의 결과는 고려하지 않고, 자신의 이익만을 추구하는 이기적인 입장이라는 것을 가정하고 있답니다. 물론 항상 그렇지 않을 수도 있지만요. 아무튼 죄수 둘은 미리 약속한 대로 침묵해서 가장 최상의 선택을 할 수 있었을지도 모릅니다. 하지만 상대방과 얘기할 수 없는 상태에서 자신에게 가장 좋은 선택이란 약속을 어기고 자백을 하는 것입니다. 이는 다시 생각해 보면 둘 다 침묵하여 6개월만 복역하는 상황보다 최악의 상황을 맞이하게 되는 것이 됩니다. 최선을 선택하면 최악의 경우가 발생할 수도 있으므로 이를 딜레마라고 하는 것도 이 이유 때문이지요.

이 죄수의 딜레마는 〈게임이론〉에서는 유명한 이야기예요. 죄수에게는 불행한 일이지만, 협력을 약속한 이후에도 상대방을 속이고 각자의 이익을 취할 수밖에 없게 되는 일이 벌어지지요. 특히, 이것은 〈게임이론〉에서 '비영합게임Non zero sum game'이라고 하는 종류에 속한답니다. 비영합게임은 영합게임의 반대말로 여기에서는 A가 6개월 복역하면 B의 복역 개월 수는 6개월 준다든가, 또는 그렇게 느껴진다거나 하지 않기 때문에 둘의 복역 개월 수를 더하여도 0이 되지 않는 상황입니다.

〈게임이론〉은 개인과 개인, 단체와 단체, 나라와 나라 등 두 집단 사이의 이해관계가 서로 관련 있을 때, 상대의 전략에 대응하여 어떤 선택을 해야 가장 유리한가를 연구하는 학문이랍니다. 실생활에서도 자주 활용되고 여러 경제현상과 정치적인 상황을 분석하고 대응하기 위해 주목을 받고 있답니다.

최근에 이러한 딜레마를 응용한 카르텔 감면제도Leniency Program 활용 사례가 우리나라 뉴스에 보도되었답니다. 카르텔이란 소비재에 대한 담합을 의미합니다. 이해하기 쉽게 말하자면 경제적 약자인 소비자의 호주머니를 탈취하는 것을 말합니다.

우리나라 5개 유명 음료수 업체 사장단이 모여서 가격 인상 방법을 결정한 뒤 이를 비밀로 약속하고 가격을 올리기로 했었다고 해요. 이것이 바로 카르텔인데 우리나라 공정거래위원회에서는 이것을 막고자 카르텔 감면제도를 채택하고 있습니다. 기업이 소비자를 대상으로 부당한 이익을 챙기는 지능형 범죄에 가담하였다고 하더라도 이를 신고하면 죄를 감면해 주는 제도예요. 그런데 이 5개 업체 중에서 3개 업체만 벌금을 부과받았고, 자진 신고

존 내쉬가 들려주는 의사결정이론 이야기

한 2개 업체들은 이번 음료수 가격 인상을 밝혀내는 데 결정적인 역할을 했기 때문에 벌금을 면제받았답니다. 결국 이들 역시 서로 눈치를 보다가 나중에 다른 업체가 먼저 신고하면 불이익을 받을 생각에 공정거래위원회에 신고한 것이지요.

이처럼 우리 주변에 일어나는 여러 복잡한 사회 현상들도 수학적인 이론으로 설명될 수 있다는 것이 신기하지 않나요?

문제

무서운 3인의 결투

A, B, C 세 사람이 결투를 하게 되었다. 세 사람이 모두 총을 한 자루씩 들고 세 사람 중 한 사람만 살아남을 때까지 돌아가며 총을 쏘기로 하였다. 그런데 C는 총을 매우 잘 쏘아 명중률

이 100%였다. B는 C보다는 못 쏘지만 그래도 $\frac{2}{3}$의 명중률을 갖고 있었다. A는 세 사람 중에 총을 제일 못 쏜다. 그의 명중률은 $\frac{1}{3}$이었다. 공정한 결투를 위해 명중률이 낮은 사람부터 먼저 한발씩 쏘기로 하였다. 따라서 먼저 A가 쏘고, 다음으로 B가 쏘고 마지막으로 C가 쏘기로 하였다. 단 한 사람만이 살아남을 때까지 이런 순서로 계속 돌아가며 쏘기로 한 것이다. 그렇다면 제일 먼저 쏘기로 한 A는 어떤 전술로써 누구를 먼저 쏘아야 하는가?

① A가 B를 쏠 때 : 최악의 선택

　이유 : 다음 쏠 차례인 C는 명중률 100%를 자랑하며 A를 겨누게 될 것이기 때문이다.

② A가 C를 쏠 때 : 최악도 최선도 아닌 중간적인 선택

　그는 $\frac{2}{3}$의 명중률을 가진 B의 총구를 맞이하게 될 것이다.

③ A가 아무도 못 맞히는 경우<small>또는 허공에 대고 쏠 때</small> : 최선의 선택

　어떤 경우라도 그에게는 총구를 맞이하는 것이 아닌 총구를 겨눌 위치에 서기 때문이다. 즉 A가 못 맞히고 나면 다음 차례인 B는 C를 쏘아야 한다. 그렇지 않고 A를 쏘아 명중

시킨다면 그 역시 100% 명중률을 가진 C의 총구를 맞이하게 되기 때문이다. B가 C를 쏘아 명중시켰다면 다음은 A 차례이다. 그는 이제 명중률은 낮지만 그가 쏘는 위치에 있게 된다. B가 C를 쏘았지만 맞추지 못하면 C의 차례이다. 그에게는 A보다 B가 더 위험한 존재이기 때문에 B를 쏘게 된다. C는 100% 명중률이기 때문에 B는 죽은 목숨이다. 따라서 이제 다시 A에게 C를 쏠 기회가 주어진다.

2. 경쟁하는 학교 앞의 분식집

한 집단이 이득을 보면 다른 한 집단이 손해를 보아 결국 두 집단의 이익을 합하면 0Zero인 상태가 되는 '영합게임Zero sum game'에 대하여 좀 더 알아보도록 할까요?

준혁이와 준서가 다니는 학교 앞에는 요즘 새로운 분식집New이 생겼습니다. 그곳에서 분식을 먹게 되면, 주문하지도 않은 핫도그를 1인당 하나씩 무료로 제공합니다. 그래서 이 분식집은 부쩍 학생들의 입소문을 타고 학생들로 인산인해를 이룹니다. 하지만 그 옆에 있었던 분식집Old은 이러한 전략에도 굴하지 않고 계

존 내쉬가 들려주는 의사결정이론 이야기

속해서 주문한 음식만 판매한다고 합니다. 준혁이와 준서는 이러한 현상을 재미있게 생각해서 어떠한 가게가 더 이익일까 궁금하여 존 내쉬 선생님께 찾아가 봅니다.

새로운 분식집에서 무료로 후식을 제공하면 그만큼 재료 구입비가 더 들지만, 더 많은 손님들이 와서 주문하게 되니까 아무래도 매출이 올라가겠지요. 그래서 많이 들었던 재료 구입비를 충

당하고도 많은 이익을 남길 수 있을 것 같은데……. 반대로 단골 손님을 많이 확보하고 있었던 기존의 분식집은 재료 구입비가 더 들어갈 일은 없겠네요. 하지만 손님들이 옆 가게로 이동하면서 매출이 감소할 테고요. 정말 궁금하지 않나요? 이제 준혁이와 준서가 각 전략에 대해 두 분식집에서 얻을 이익을 시장조사한 내용을 살펴봅시다.

· 전략 A : 주문한 음식만을 제공한다.
· 전략 B : 주문한 음식과 후식을 제공한다.

㉠ 시장조사 내용 : 꾸준히 장사를 해 오던 Old 분식집의 입장에서는 New 분식집이 전략 A를 선택할 때, 자신 Old도 기존의 전략 A를 선택하면 수익을 상대방보다 60만 원 더 올리지만, 만약 전략 B로 바꾸면 수익이 상대방보다 20만 원 더 적다고 한다. 한편 New 분식집이 전략 B를 선택한다면, Old 분식집이 전략 A를 선택할 때 40만 원의 수익을, 전략 B를 선택했을 때에는 30만 원의 수익을 각각 올린다고 한다.

존 내쉬가 들려주는 의사결정이론 이야기

ⓒ 시장조사 결과 분석 후 느낀 점 : Old 분식집은 전략을 바꾸어 B를 선택하게 되면 상대 New 분식집보다 수익을 30만 원 더 올릴 수도 있지만, 20만 원 더 적을 수도 있게 된다. New 분식집은 지금의 전략을 바꾸어 A를 선택하게 되면, 상대 Old 분식집보다 20만 원의 수익을 더 낼 수도 있지만 60만 원이나 수익을 더 적게 볼 수 있다. 따라서 두 분식집 모두 현재의 전략, 즉 Old 분식집은 전략 A를, New 분식집은 전략 B를 선택하는 것이 위험부담을 줄이는 방향에서 더 나을 것 같다.

그럼 이제 준혁이와 준서가 시장조사를 해 온 것을 토대로, 누가 얼마만큼의 이익을 보게 될 것인지를 합리적으로 생각해 볼까요?

시장조사 내용을 표로 만들어 기존의 분식집Old 입장에서 나타내어 보도록 하겠습니다.

(만 원)

New 분식집의 전략 Old 분식집의 전략	전략 A	전략 B(후식제공)
전략 A	60	40
전략 B(후식제공)	−20	30

여기선 Old 분식집 입장이므로 (+)부호는 New 분식집보다 이익이 많은 것이고, (−)부호는 이익이 적은 것을 뜻하지요. 반대로 New 분식집 입장에서 (+)부호는 Old 분식집보다는 이익을 적게 얻게 되고, (−)부호는 이익이 많아지는 것이 됩니다.

이러한 표를 행렬로 나타낼 수 있는데 이를 성과행렬payoff matrix이라고 합니다.

$$\begin{pmatrix} 60 & 40 \\ -20 & 30 \end{pmatrix}$$ → 제1행
→ 제2행
↓ ↓
제1열 제2열

> 직사각형 모양으로 수를 배열하고 괄호로 묶으면 바로 행렬이 된답니다.
> 특히, 가로 성분을 묶어서 행이라 하고, 세로 성분을 묶어서 열이라고 합니다.

가장 유리한 전략이 어떤 것인지를 파악하면 어떤 전략을 선택해야 할지 예측할 수 있겠죠?

⑴ Old 분식집이 전략 A를 선택했을 때, New 분식집에 유리한 전략은 무엇일까요?

"60보다는 40이 되어야 덜 손해를 보니깐 전략 B가 유리할 거예요."

존 내쉬가 들려주는 의사결정이론 이야기

네, 맞습니다. 그러면 ⑵ Old 분식집이 전략 B를 선택했을 때, New 분식집에 유리한 전략은 무엇일까요?

"(−20)은 New 분식집 입장에선 반대로 수익이 더 나는 것이니깐 전략 A가 더 좋겠는데요?"

잘 이해하고 있네요. 그러면 ⑴과 ⑵에서 알아본 것을 토대로 Old 분식집이 선택하는 전략에 따른 New 분식집의 선택을 볼 때, 그렇다면 Old 분식집이 어떤 전략을 선택할 것인지 예측할 수 있을까요?

"네. Old 분식집이 전략 A와 B를 각각 선택하면, New 분식집이 유리하게 택하는 전략에 따라 각각 40과 (−20)이란 결과가 나와요. 이 둘 중에서 40 더 이익이므로 당연히 전략 A를 선택할 것 같아요."

$$\begin{pmatrix} 60 & 40 \\ -20 & 30 \end{pmatrix}$$ → 제1행의 최솟값 : 40
→ 제2행의 최솟값 : −20

행의 최솟값 중 최댓값 : 40

마찬가지로 이러한 방식으로 생각하면 New 분식집이 필연적으로 선택할 수밖에 없는 전략도 구할 수 있답니다.

(3) New 분식집이 전략 A를 선택했을 때, Old 분식집에 유리한 전략은 무엇일까요?

"제1열의 값 60과 (-20)중에서 큰 값인 60이 나오도록 전략 A를 선택하면 될 것 같아요."

그렇다면 (4) New 분식집이 전략 B를 선택했을 때, Old 분식집에 유리한 전략은 무엇일까요?

"당연히 제2열의 값 40과 30중에서 큰 값인 40이 나오도록 전략 A를 선택하겠죠."

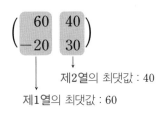

$$\begin{pmatrix} 60 & 40 \\ -20 & 30 \end{pmatrix}$$

제2열의 최댓값 : 40

제1열의 최댓값 : 60

열의 최댓값 중 최솟값 : 40

(3)과 (4)에서 나온 결과인 60과 40중에서 New 분식집에 더 유리한 것은 작은 값인 40이네요. 따라서 전략 B를 필연적으로 선택하겠군요.

끝으로 (1)~(4)를 모두 종합해 보면, 상대방이 어떠한 전략을

존 내쉬가 들려주는 의사결정이론 이야기

선택하든 나올 수 있는 결과 중에서 가장 유리한 전략을 택하게 됩니다. 성과행렬에서 '행의 최솟값 중 최댓값과 열의 최댓값 중 최솟값'이 모두 '일치'하는 40으로 Old 분식집은 전략 A를, New 분식집은 전략 B를 바로 '최선의 전략'으로 결정되는 걸 알 수 있나요?

이처럼 상대방이 어떠한 전략을 선택하든지 자신의 최선의 전략이 결정될 수 있는 게임을 '결정게임전략형게임'이라고 한답니다. 특히 성과행렬의 성분 a_{rs}가 r행의 성분 중 가장 작고, s열의 성분 중 가장 클 때, 이 성분 a_{rs}를 성과행렬의 '안장점saddle point'이라고 해요. 위의 경우에는 성분 40이 1행의 최솟값이면서 2열의 최댓값이므로 안장점이 되고, 결국 이것이 최선의 전략이 된다는 것이지요. 이와 반대로 상대방의 전략을 미리 알지 못하면 자기의 최선의 전략을 알 수 없으며 게임에 임하는 참여자가 자기의 마음에 따라 전략을 결정해야 하는 것을 '비결정게임전개형게임'이라고 합니다. Old 분식집은 전략 A를, New 분식집은 전략 B를 선택하면서 이제껏 해오던 방식을 계속하면 Old 분식집이 New 분식집보다 40만 원의 수익을 더 얻고, New 분식집 입장에서 생각해 보면 Old 분식집보다 40만 원의 수익이 적게 되지요. 그래서 두 분식집의 수익을 합하면 결국 (＋40)＋(－40)＝0이 되므로 결정게임 중에서도 '영합게임 또는 제로섬게임Zero sum game'이라고 불리는 종류에 속하게 된답니다. 특히 두 집단만이 참여해서 한 집단이 이익을 보면, 그만큼 다른 집단이 손해를 보는 이 같은 경우는 '2인 제로섬게임Two person zero sum game 또는 2인 영화零和게임'이라고 합니다.

시청률

K와 M 방송사에서는 일요일 저녁 황금 시간대에 방영할 수 있는 프로그램에 관한 여론 조사를 해 보았다. K 방송사에서는 해피먼데이H, 개그 열전G, 도전 골든벨B, 일요광장P, M 방송사에서는 일밤에N, 드라마D, 가요순위프로그램S이 편성되어 있다. 여론 조사 기관에서 K 방송사와 M 방송사만 선택할 수 있다는 가정하에 조사하였다고 할 때, K 방송국을 시청하는 예상 시청자의 백분율%은 다음의 표와 같다고 한다. 이때 두 방송국에서 최적의 프로그램을 선택하고 그에 따른 예상 시청률을 조사하여라.

존 내쉬가 들려주는 의사결정이론 이야기

(단위 : %)		M 방송사		
		N	D	S
K 방송사	H	10	70	20
	G	30	20	80
	B	40	50	70
	P	20	50	60

예를 들어, 개그 열전과 일밤에가 동시에 진행되면 K 방송사의 시청률은 30%이고, 따라서 M 방송사는 100%－30%＝70%가 된다.

위의 표를 성과행렬로 나타내 볼까요?

$$\begin{pmatrix} 10 & 70 & 20 \\ 30 & 20 & 80 \\ 40 & 50 & 70 \\ 20 & 50 & 60 \end{pmatrix}$$

K 방송사에 관한 시청률이지만 여기의 각 성분을 100에서 빼어 다시 그 위치에 그 성분을 놓아 또 다른 행렬을 만들어 보면 다음과 같습니다.

$$\begin{pmatrix} 90 & 30 & 80 \\ 70 & 80 & 20 \\ 60 & 50 & 30 \\ 80 & 50 & 40 \end{pmatrix}$$

이것은 M 방송사의 입장에서 보는 시청률입니다. 어떠한 행렬을 사용하더라도 결과는 결국 동일합니다. 이를 알기 쉽게 성과 행렬로 나타내면 다음과 같습니다.

$$\begin{pmatrix} 10 & 70 & 20 \\ 30 & 20 & 80 \\ 40 & 50 & 70 \\ 20 & 50 & 60 \end{pmatrix} \qquad \begin{pmatrix} 10 & 70 & 20 \\ 30 & 20 & 80 \\ 40 & 50 & 70 \\ 20 & 50 & 60 \end{pmatrix} \text{제3행}$$

제1열

K 방송사에서 H를 선택할 때, M 방송사에서 제1행에서 최솟값 10을 선택하면 유리하겠죠? K 방송사에서 G를 선택하면 M 방송사에서는 제2행에서 최솟값 20을 선택하는 것이 유리합니다. 이런 식으로 계속 생각해 보면 행의 최솟값 10, 20, 40, 20 중 최댓값 40을 선택해야 K 방송국 입장에서는 최선의 선택임을 알 수 있답니다.

한편 M 방송사에서 N을 선택하면 K 방송사에서는 제1열에서 최댓값 40을 선택해야 합니다. 결국 열의 최댓값 40, 70, 80

존 내쉬가 들려주는 의사결정이론 이야기

중에서 최솟값 40을 선택해야 함을 알 수 있지요.

따라서 이 게임은 성과행렬의 행의 최솟값 중 최댓값과 열의 최댓값 중 최솟값이 3행 1열의 성분 40으로 일치합니다. 눈치를 챈 친구들도 있군요. 네, 그렇답니다. 이 게임은 결정게임이랍니다. 40은 40이 속한 행의 최솟값이면서, 40이 속한 열의 최댓값을 동시에 만족하는 안장점이 되기 때문입니다. 따라서 K 방송사에서는 도전 골든벨B을 방영하고, M 방송사에서는 일밤에N를 선택하는 것이 각각 시청률 40%와 60%를 확보할 수 있는 최선의 선택이랍니다. 특히 K 방송사와 M 방송사가 가지는 시청률이 항상 100%로 일정하기 때문에 2인 제로섬게임이라고 할 수 있습니다.

연합군과 일본군

1943년 2월, 연합군UN과 일본군은 뉴기니 섬에서 대치하고 있었다. 일본군은 인근에 있는 뉴브리튼 섬의 북쪽 항로나 남쪽 항로 중 한 곳을 선택하여 뉴기니 섬으로 보충 병력을 이동시키려고 한다. 어느 항로를 선택하든지 3일이 걸린다. 연합군은 이동 중인 일본군을 폭격하기 위하여 남쪽 항로나 북쪽 항로 중 한 곳을 수색하려 하며 연합군이 일본군을 폭격할 수 있는 날의 수는 다음과 같다.

일본군이 선택할 항로	연합군이 수색할 항로	연합군이 일본군을 폭격 가능한 일 수
북쪽 항로	북쪽 항로	2일
북쪽 항로	남쪽 항로	1일
남쪽 항로	북쪽 항로	2일
남쪽 항로	남쪽 항로	3일

이제 일본군은 되도록 폭격받는 일 수를 줄이려고 할 것이며, 연합군은 일본군을 폭격할 수 있는 일 수를 최대로 하려고 할 것이다. 이 상황에서 연합군과 일본군의 최선의 전략은 무엇이겠는가?

위의 상황을 잘 정리하여 성과행렬로 나타내어 볼까요?

일본군이 선택할 수 있는 항로가 두 가지, 연합군이 수색할 수 있는 항로가 두 가지이므로

일본군 / 연합군	북쪽 항로	남쪽 항로
북쪽 항로	2일	2일
남쪽 항로	1일	3일

$\longrightarrow$

행의 최솟값

$$\begin{pmatrix} 2 & 2 \\ 1 & 3 \end{pmatrix} \begin{matrix} 2 \\ 1 \end{matrix}$$

열의 최댓값   2 3

존 내쉬가 들려주는 의사결정이론 이야기

여기서 행의 최솟값이면서 열의 최댓값을 동시에 만족하는 안장점을 바로 찾아볼까요?

게임의 성과행렬에서 연합군은 각 행의 최솟값 중 최댓값에 해당되는 북쪽 항로를 수색하게 되고, 일본군은 각 열의 최댓값 중 최솟값에 해당되는 북쪽 항로를 이용하는 2일로 일치하는 곳이 안장점이군요. 따라서 연합군은 일본군을 2일 폭격하고, 일본군은 3일간 이동 중에서 하루를 폭격에서 피할 수 있겠군요. 이 역시 연합군과 일본군의 최선의 전략이 결정되는 결정게임인 동시에 2인 제로섬게임이라고 할 수 있겠네요.

개념 정리

┌ 결정게임전략형게임 ⇒ 안장점에서 최선의 전략을 가짐
│ ┌ 영합게임제로섬게임
│ │   − 2인 제로섬게임2인 영화게임
│ └ 비영합게임비제로섬게임
└ 비결정게임전개형게임

존 내쉬와 함께하는, 한 걸음 더!

죄수의 딜레마를 다음처럼 성과행렬을 이용하여 생각해 보기로 하자.

(1년=1, 6개월=0.5)

	B가 침묵	B가 자백
A가 침묵	모두 6개월씩 복역	A:10년 복역, B:석방
A가 자백	A:석방, B:10년 복역	모두 5년씩 복역

먼저 A 입장에서의 성과행렬을 생각해 보면 $A = \begin{pmatrix} 0.5 & 10 \\ 0 & 5 \end{pmatrix}$가 된답니다.

마찬가지로 B의 입장에서 성과행렬을 생각해 보면 $B = \begin{pmatrix} 0.5 & 0 \\ 10 & 5 \end{pmatrix}$가 되겠죠?

먼저 A 입장에서 침묵하면 B에게 유리한 입장은 행렬 B의 제1행의 성분 0.5와 0중에서 최솟값인 0이 됩니다. 그리고 A 입장에서 자백하면 B에게 유리한 입장은 행렬 B의 제2행의 성분 10과 5중에서 최솟값인 5가 되지요. 따라서 A의 입장에서 행렬 B에 나올 수 있었던 0과 5는, 각각 행렬 A의 위치에서 10과 5가 되는 것을 알 수 있겠지요? 따라서 10과 5중에서 A의 입장에서 최소 복역을 해야 유리하

존 내쉬가 들려주는 의사결정이론 이야기

므로 5가 됨을 알 수 있을 겁니다.

마찬가지로 B 입장에서 생각하면 어떨까요? B가 침묵하면 A에게 유리한 입장은 행렬A의 제1열의 성분 0.5와 0중에서 최솟값인 0입니다. B가 자백을 하면 A에게 유리한 입장은 행렬 A의 제2열의 성분 10과 5중에서 최솟값인 5가 됩니다. 따라서 B의 입장에서 행렬 A에 나올 수 있었던 0과 5는, 각각 행렬 B의 위치에서 10과 5가 되는 거지요. 그러므로 B의 입장에서 유리한 것은 최소 복역을 해야 하므로 5가 된답니다.

두 가지 행렬 A, B를 이용해야지만 A와 B가 각각 5를 선택하면서 이 값이 안장점이 되며, 이는 '결정게임'에 속한답니다.

여기서 성과행렬이 두 가지가 되는 이유는 A의 복역 개월 수를 A행렬로 나타내었을 때, 여기에 부호만 바꾸어서 B행렬로 나타낸다고 해서 B의 복역 개월 수가 되는 것이 아닙니다. 따라서 각각 성과행렬을 표현한 뒤 각각의 대응되는 성분을 고려하면서 생각해야 하는 점이 있습니다. 그래서 제로섬게임이 아니라 비제로섬게임 또는 비영합게임이라고 부른답니다.

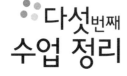

수업 정리

① **결정게임**전략형게임

선택 가능한 여러 전략이 있을 때, 어떤 전략을 선택하는 것이 가장 유리한지를 결정하는 게임입니다. 안장점에서 최선의 전략을 가지게 되며 결정게임은 영합게임과 비영합게임으로 나누어 생각할 수 있습니다.

· 안장점 : 상대 경기자의 최선의 선택에 따른 자신의 최선의 선택을 결정하는 부분을 말합니다.

개념 정리

┌ 결정게임전략형게임 ⇒ 안장점에서 최선의 전략을 가짐
│ ┌ 영합게임제로섬게임
│ │ ─ 2인 제로섬게임2인 영화게임
│ └ 비영합게임비제로섬게임
└ 비결정게임전개형게임

❷ 어느 죄수의 딜레마 - 비영합게임

전략에 따른 각 결과에 모든 경기자의 득실 합이 일정하지 않습니다. 따라서 모든 경기자들이 동시에 성과를 얻거나 또는 잃는 것이 가능한 상태를 말합니다.

❸ 경쟁하는 학교 앞의 분식집 - 영합게임

한 집단이 이득을 보면 다른 한 집단이 손해를 보아 결국 두 집단의 이익을 모두 합하였을 때 0Zero으로 일정한 상태를 말합니다.

얼마를
기대하나요?

상대방의 전략에 따라 유리한 전략이 달라질 때,
어떻게 최선의 전략을 선택해야 하는지 알아봅니다.

여섯 번째 학습 목표

상대방의 전략에 따라 유리한 전략이 달라질 때, 최선의 전략을 어떻게 선택해야 할지 알아봅니다.

미리 알면 좋아요

1. 전개형게임 상대방의 전략을 미리 알지 못하면 자기의 최선의 전략을 알 수 없습니다. 게임에 임하는 참여자가 자기의 마음에 따라 전략을 결정합니다. 하지만 그러한 전략은 상대방의 전략에 따라 자기에게 때로는 유리하게, 때로는 불리하게 적용됩니다.

2. 귀납법 개별적인 특수한 사실이나 원리를 전제로 하여 일반적인 사실이나 원리로서의 결론을 이끌어 내는 연구 방법을 말합니다. 특히 인과관계를 확정하는 데 사용하며 베이컨을 거쳐 밀에 의하여 자연 과학 연구 방법으로 정식화되었습니다. 여기서는 '역진귀납법'을 소개하고 있는데 게임을 분석할 때에 정한 틀에서 수학적 기교를 이용하여 전략을 찾는 것이 아니라 몇 가지 기초적인 사실들을 발견하고 이를 바탕으로 각각의 경우에 대해서 게임이 어떠한 결론을 맺게 되는지를 관찰하는 방법을 취하였습니다.

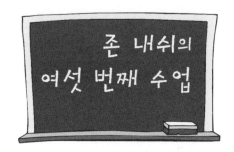

존 내쉬의
여섯 번째 수업

ㅣ. 바 · 보게임

　준서와 하윤이는 가위바위보 게임에서 가위는 빼고 바위와 보 만 내는 일명 바 · 보게임을 하기로 했습니다. 이때 만약 두 사람이 모두 보를 내면 준서가 하윤이에게 50원을 주기로 하고, 두 사람이 모두 바위를 내면 준서가 하윤이에게 10원을 주기로 하였습니다. 그러나 두 사람이 다른 것을 내면 준서가 하윤이에게 30원을 받기로 하였습니다.

이것을 지켜본 존 내쉬 선생님은 표를 그리기 시작하셨다.

존 내쉬가 들려주는 의사결정이론 이야기

"선생님, 이건 지난번 시간에 배웠던 성과행렬과 비슷한데요?"

네, 맞아요. 준서가 하윤이에게 돈을 주는 경우는 손해니깐 음수($-$)로 표현하고, 반대로 준서가 하윤이에게 돈을 받는 경우는 이익이니까 양수($+$)로 표현한답니다. 준서와 하윤이가 얼마를 받을 것으로 기대하는지를 구하기 위해 선생님이 준서와 하윤이가 보나 바위를 1:1의 비율로 낸다고 가정해 볼게요. 그러면 총 네 가지의 경우가 발생하고 각각의 경우가 나올 확률은 모두 $\frac{1}{4}$이 된답니다.

하윤\준서		
	-50원	$+30$원
	$+30$원	-10원

→

준서				
하윤				
확률	$\frac{1}{4}$	$\frac{1}{4}$	$\frac{1}{4}$	$\frac{1}{4}$
금액	-50	$+30$	$+30$	-10
확률×금액	$-\frac{50}{4}$	$\frac{30}{4}$	$\frac{30}{4}$	$-\frac{10}{4}$

위의 표에서 (확률×금액)을 합하여 보면 준서와 하윤이 중에서 누가 게임에 유리한지를 알 수 있겠지만, $(-\frac{50}{4})+\frac{30}{4}+\frac{30}{4}+(-\frac{10}{4})=0$이 되지요. 그러면 준서와 하윤이가 무엇을

낼지 예측할 수 있을까요?

$$\begin{pmatrix} -50 & +30 \\ +30 & -10 \end{pmatrix}$$

— 제1행의 최솟값 : -50
— 제2행의 최솟값 : -10
└─ 제2열의 최댓값 : $+30$
──── 제1열의 최댓값 : $+30$

　행의 최솟값 중 최댓값은 -10이고, 열의 최댓값 중 최솟값은 30으로 일치하지 않습니다. 이런 경우는 우리가 다섯 번째 수업 때에 배웠던 성과행렬이 아니므로 전략형게임이라고 할 수 없게 됩니다. 즉 하윤이가 바위를 낼 때에는 준서가 보를 내고, 하윤이가 보를 낼 때에는 준서가 바위를 내는 것이 준서에게 유리합니다. 하지만 하윤이가 무엇을 펼칠지 아무도 예상할 수가 없지요. 다시 말해서 준서가 어떤 것을 내기로 마음을 먹어야 더 유리한지 결정할 수 없게 되는 거예요. 따라서 이러한 전개형게임에 참여한 경우에는 게임에 참여한 준서와 하윤이의 각 전략을 고를 확률을 결정해야 해요. 그래야만 기대 금액을 계산하여 누구에게 더 유리한 게임인지를 알 수 있답니다. 이런 경우는 준서의 전략을 미리 알지 못하면 하윤의 전략도 알 수 없게 되지요. 그래서 준서의 마음에 따라 전략을 결정하며 그러한 전략은 하윤이의 전

존 내쉬가 들려주는 의사결정이론 이야기

략에 따라 준서에게 때로는 유리하게, 때로는 불리하게 적용된답니다. 이것을 해결하고자 여러 번 반복함으로 전략을 선택하는 비율을 놓고 살펴보기로 할까요?

자, 그럼 이제 위의 게임을 여러 번 반복할 때, 준서가 보와 바위를 $p:(1-p)$의 비율로 낸다고 가정하겠습니다. 그리고 하윤이가 보와 바위를 $q:(1-q)$의 비율로 선택 유지한다고 가정하겠습니다. 그러면 준서나 하윤이가 보 낼 확률은 당연히 $p \times q$가 되겠지요? 이런 식으로 다른 세 가지의 경우의 확률도 살펴보면 다음과 같습니다.

준서	✊	✊	✊	✊
하윤	✊	✊	✊	✊
확률	$p \times q$	$p \times (1-q)$	$(1-p) \times q$	$(1-p) \times (1-q)$
금액	-50	$+30$	$+30$	-10

그러면 준서의 입장에서의 기대 금액을 x라고 하면

$$x = -50pq + 30p(1-q) + 30(1-p)q - 10(1-p)(1-q)$$
$$= -120pq + 40p + 40q - 10$$

$$= -120\left(pq - \frac{1}{3}p - \frac{1}{3}q\right) - 10$$

$$= -120\left\{p\left(q - \frac{1}{3}\right) - \frac{1}{3}\left(q - \frac{1}{3}\right) - \frac{1}{9}\right\} - 10$$

$$= -120\left(p - \frac{1}{3}\right)\left(q - \frac{1}{3}\right) + \frac{10}{3}$$

이 됩니다. 따라서 x의 최댓값은 $p = \frac{1}{3}$일 때, $+\frac{10}{3}$이 됩니다. 그러면 준서는 보와 바위를 내는 비율이 $\frac{1}{3} : \left(1 - \frac{1}{3}\right) = \frac{1}{3} : \frac{2}{3} = 1:2$로 하는 것이 가장 유리하며 게임을 한 번 할 때마다 $\frac{10}{3}$원을 얻게 되는군요. 비슷한 방법으로 하윤이의 입장에서도 보와 바위를 내는 비율이 $q = \frac{1}{3}$이므로 $\frac{1}{3} : \left(1 - \frac{1}{3}\right) = \frac{1}{3} : \frac{2}{3} = 1:2$로 하는 것이 유리하겠네요. 그리고 보니 한 번 할 때마다 $\frac{10}{3}$원을 잃게 되는군요. 따라서 위의 게임을 여러 번 반복하면 하윤이보다는 준서가 더 유리하겠네요.

존 내쉬가 들려주는 의사결정이론 이야기

문제

다트 게임

준오과 이진이는 각각 회전하는 다트를 하나씩 가지고 있다. 준오의 다트에는 1, 2, 3이 적혀 있고, 이를 각각 맞출 확률은 $\frac{1}{6}$, $\frac{1}{3}$, $\frac{1}{2}$이다. 한편 이진이의 다트에는 1, 2, 3, 4가 적혀 있고, 1, 2, 3, 4를 각각 맞힐 확률이 각각 $\frac{1}{4}$, $\frac{1}{4}$, $\frac{1}{3}$, $\frac{1}{6}$이다. 준오와 이진이가 회전하는 자신의 다트에 화살을 던질 때, 각각의 경우에 준오가 이진에게 받을 사탕의 개수를 다음의 표와 같이 주기로 한다. 표 안의 수가 양수면 준오가 이진이로부터, 음수면 이진이가 준오로부터 사탕을 얻게 되는 것이다.

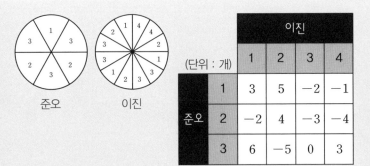

준오   이진

(단위 : 개)		이진			
		1	2	3	4
준오	1	3	5	−2	−1
	2	−2	4	−3	−4
	3	6	−5	0	3

(1) 준오의 입장에서 이 게임을 행렬로 나타내시오.

(2) 준오는 1, 2, 3중에서 어떤 숫자를 맞춰야 유리한가?

(3) 이진이는 1, 2, 3, 4중에서 어떤 숫자를 맞춰야 유리한가?

(4) 준오와 이진이 중에서 이 게임은 누구에게 더 유리한가?

(1)에서는 성과행렬을 묻고 있군요. 그러면 주어진 표도 준오의 사탕을 획득하는 데에 초점을 맞추어 작성되었으므로 표 안의 숫자 위치 그대로 행렬을 만들어도 괜찮겠네요.

$$\begin{pmatrix} 3 & 5 & -2 & -1 \\ -2 & 4 & -3 & -4 \\ 6 & -5 & 0 & 3 \end{pmatrix}$$

존 내쉬가 들려주는 의사결정이론 이야기

(2)에서 준오는 이진이가 어떤 숫자를 맞추더라도 자신에게 유리한 숫자를 찾아야 해요. 함께 풀어 보도록 하지요.

준오가 1을 맞추면

$$3 \times \frac{1}{4} + 5 \times \frac{1}{4} + (-2) \times \frac{1}{3} + (-1) \times \frac{1}{6} = \frac{7}{6}개,$$

준오가 2를 맞추면

$$(-2) \times \frac{1}{4} + 4 \times \frac{1}{4} + (-3) \times \frac{1}{3} + (-4) \times \frac{1}{6} = -\frac{7}{6}개,$$

준오가 3을 맞추면

$$6 \times \frac{1}{4} + (-5) \times \frac{1}{4} + 0 \times \frac{1}{3} + 3 \times \frac{1}{6} = \frac{3}{4}개$$

을 기대할 수 있으므로

준오는 1을 맞출 때 가장 많은 사탕을 기대할 수 있답니다.

(3)에서 이진이는 준오가 어떤 숫자를 맞추더라도 자신에게 유리한 숫자를 찾아야 하는군요. 이번 문제도 함께 풀어 볼까요?

이진이가 1을 맞추면

$$3 \times \frac{1}{6} + (-2) \times \frac{1}{3} + 6 \times \frac{1}{2} = \frac{17}{6}개,$$

이진이가 2를 맞추면

$$5 \times \frac{1}{6} + 4 \times \frac{1}{3} + (-5) \times \frac{1}{2} = -\frac{1}{3}개,$$

이진이가 3을 맞추면

$$(-2) \times \frac{1}{6} + (-3) \times \frac{1}{3} + 0 \times \frac{1}{2} = -\frac{4}{3}개,$$

이진이가 4를 맞추면

$$(-1) \times \frac{1}{6} + (-4) \times \frac{1}{3} + 3 \times \frac{1}{2} = 0개$$

을 기대할 수 있으므로 이진이는 3을 맞출 때 가장 많은 사탕
을 기대할 수 있겠네요.

(4)에서 준오와 이진이가 각각 최선의 전략을 선택할 때에는 준
오가 1, 이진이가 3을 맞추어서 일치하지 않아요. 다시 말하자면
이것은 어떠한 최선의 전략을 선택하기보다는, 상대의 전략에 따
라 나의 전략이 달라지는 게임입니다. 따라서 다음과 같이 이진
이와 준오가 맞추는 숫자의 경우의 수는 이진이의 세 가지 경우
의 수와 준오의 네 가지 경우의 수를 곱하여 모두 열두 가지의 경
우가 나오므로 그 각각의 경우에 대한 확률로써 그에 따른 기댓
값을 구해 볼까요?

존 내쉬가 들려주는 의사결정이론 이야기

			이진			
(단위 : 개)			1	2	3	4
			$\frac{1}{4}$	$\frac{1}{4}$	$\frac{1}{3}$	$\frac{1}{6}$
준오	1	$\frac{1}{6}$	3	5	-2	-1
	2	$\frac{1}{3}$	-2	4	-3	-4
	3	$\frac{1}{2}$	6	-5	0	3

$\rightarrow$

		이진			
(단위 : 개)		1	2	3	4
준오	1	$3\times\frac{1}{6}\times\frac{1}{4}$	$5\times\frac{1}{6}\times\frac{1}{4}$	$-2\times\frac{1}{6}\times\frac{1}{3}$	$-1\times\frac{1}{6}\times\frac{1}{6}$
	2	$-2\times\frac{1}{3}\times\frac{1}{4}$	$4\times\frac{1}{3}\times\frac{1}{4}$	$-3\times\frac{1}{3}\times\frac{1}{3}$	$-4\times\frac{1}{3}\times\frac{1}{6}$
	3	$6\times\frac{1}{2}\times\frac{1}{4}$	$-5\times\frac{1}{2}\times\frac{1}{4}$	$0\times\frac{1}{2}\times\frac{1}{3}$	$3\times\frac{1}{2}\times\frac{1}{6}$

오른쪽 표 안의 수를 모두 더하여 계산하면 $\frac{13}{72}$가 됩니다. 따라서 이 게임을 한 번 할 때마다 $\frac{13}{72}$개의 사탕을 준오가 얻게 되는 유리한 게임입니다.

다트 게임과 같은 경우 표를 그리지 않고 더 쉽게 계산할 수는 없을까요?

첫 번째 방법은 행렬을 이용하면 훨씬 편리하답니다.

먼저 준오의 확률을 가로 행으로 배열한 1×3 행렬과 크기가 3×4인 성과행렬을 가운데에 두고, 마지막으로 이진이의 확률을 세로 열로 배열한 4×1 행렬을 놓고 이 세 행렬을 차례로 곱하면 성분으로 $\dfrac{13}{72}$ 을 갖게 되는 1×1 행렬이 만들어진답니다.

$$\begin{pmatrix} \dfrac{1}{6} & \dfrac{1}{3} & \dfrac{1}{2} \end{pmatrix} \begin{pmatrix} 3 & 5 & -2 & -1 \\ -2 & 4 & -3 & -4 \\ 6 & -5 & 0 & 3 \end{pmatrix} \begin{pmatrix} \dfrac{1}{4} \\ \dfrac{1}{4} \\ \dfrac{1}{3} \\ \dfrac{1}{6} \end{pmatrix} = \begin{pmatrix} \dfrac{13}{72} \end{pmatrix}$$

1×3행렬 3×4행렬 4×1행렬 1×1행렬

두 번째 방법은 엑셀 프로그램을 사용할 수도 있습니다.

(단위 : 개)	이진			
	1	2	3	4
준오 1	$3 \times \frac{1}{6} \times \frac{1}{4}$	$5 \times \frac{1}{6} \times \frac{1}{4}$	$-2 \times \frac{1}{6} \times \frac{1}{3}$	$-1 \times \frac{1}{6} \times \frac{1}{6}$
준오 2	$-2 \times \frac{1}{3} \times \frac{1}{4}$	$4 \times \frac{1}{3} \times \frac{1}{4}$	$-3 \times \frac{1}{3} \times \frac{1}{3}$	$-4 \times \frac{1}{3} \times \frac{1}{6}$
준오 3	$6 \times \frac{1}{2} \times \frac{1}{4}$	$-5 \times \frac{1}{2} \times \frac{1}{4}$	$0 \times \frac{1}{2} \times \frac{1}{3}$	$3 \times \frac{1}{2} \times \frac{1}{6}$

위의 표를 계산하기 위해서 아래와 같이 엑셀 프로그램에서 PRODUCT 함수를 사용할 수 있습니다. 구체적으로 셀 B7의 값을 계산하여 보면, B7＝PRODUCT(B2, B$1, A2)가 되고 여기서 주소창을 보면 엑셀 프로그램에서 B1이나 A2 사이에 $표시는 절대주소를 부여하는 기능으로서 자동 채우기를 할 때 상대주소로 변환하지 않도록 편리하게 고정하는 기능이랍니다.

fx＝PRODUCT(B2, B$1, A2)

	A	B	C	D	E	F	G	H	I	J
1	확률	1/4	1/4	1/3	1/6					
2	1/6	3	5	-2	-1					
3	1/3	-2	4	-3	-4					
4	1/2	6	-5	0	3					
5										
6	곱					합계				
7		1/8	5/24	-1/9	-1/36	7/36				
8		-1/6	1/3	-1/3	-2/9	-7/18				
9		3/4	-5/8	0	1/4	3/8				
10	합계	17/24	-1/12	-4/9	0	13/72				
11										

2. BR 31뱃속에 나방스 31

존 내쉬 선생님은 쉬는 시간에 준혁이와 하진이가 '뱃속에 나방스 31' 이라는 게임을 하는 것을 봅니다. 그리고 게임 내용을 아래와 같이 기록하십니다.

	준혁		하진	
【표 1】	1	(1개의 숫자를 부름)	2, 3	(2개의 숫자를 부름)
	4, 5	(2개의 숫자를 부름)	6, 7	(2개의 숫자를 부름)
	8	(1개의 숫자를 부름)	9, 10	(2개의 숫자를 부름)
	11, 12	(2개의 숫자를 부름)	13, 14	(2개의 숫자를 부름)
	15, 16	(2개의 숫자를 부름)	17	(1개의 숫자를 부름)
	18	(1개의 숫자를 부름)	19, 20	(2개의 숫자를 부름)
	21	(1개의 숫자를 부름)	22	(1개의 숫자를 부름)
	23, 24	(2개의 숫자를 부름)	25, 26	(2개의 숫자를 부름)
	27	(1개의 숫자를 부름)	28	(1개의 숫자를 부름)
	29, 30	(2개의 숫자를 부름)	31	(1개의 숫자를 부름)
	준혁이 승!			

【표 1】에서 보니 하진이가 31을 부르면서 게임에서 졌네요. 숫자를 1개 또는 2개만 반드시 부르면서 1부터 31까지 나아가는

존 내쉬가 들려주는 의사결정이론 이야기

게임 맞지요? 이 게임은 누군가 반드시 이길 수 있는 필승 전략이 있을 것 같은데…….

"제가 하진이를 이겼으니깐 이번에는 선생님과 게임을 해서 어떻게 하면 항상 이길 수 있는지 확인하고 싶어요."

그러면 준혁이 말대로 선생님과 게임하는 대신에 준혁이가 아까처럼 먼저 시작해 보세요.

	준혁		선생님	
	1	(1개의 숫자를 부름)	2, 3	(2개의 숫자를 부름)
	4, 5	(2개의 숫자를 부름)	6	(1개의 숫자를 부름)
	7, 8	(2개의 숫자를 부름)	9	(1개의 숫자를 부름)
	10	(1개의 숫자를 부름)	11, 12	(2개의 숫자를 부름)
	13, 14	(2개의 숫자를 부름)	15	(1개의 숫자를 부름)
【표 2】	16	(1개의 숫자를 부름)	17, 18	(2개의 숫자를 부름)
	19	(1개의 숫자를 부름)	20, 21	(2개의 숫자를 부름)
	22	(1개의 숫자를 부름)	23, 24	(2개의 숫자를 부름)
	25, 26	(2개의 숫자를 부름)	27	(1개의 숫자를 부름)
(*)	28	(1개의 숫자를 부름)	29, 30(*)	(2개의 숫자를 부름)
	31	(1개의 숫자를 부름)		
	선생님 승!			

게임을 끝내자마자 준혁이가 말합니다.

"아깝다! 이제 보니 30을 먼저 부르는 사람이 이기는군요?"

네, 맞아요. 30을 부르는 사람이 이기는 게임이에요. 그러면 30
을 부르기 위해서는 29는 누가 불러야 할까요? 만약 준혁이가 29
를 부른다고 해도 선생님은 30을 부르면 31을 준혁이는 어쩔 수
없이 31을 불러야 해요. 결국 내가 이기게 되지요. 그래서 【표 2】
(*)처럼 준혁이가 29를 부를 수 있다면 30까지 함께 불러서 내가
31을 부르게 되어 준혁이가 이기게 된답니다.

"아, 그러면 제가 27을 부르게 되면 선생님은 절대로 30을 부
를 수 없겠군요?"

오호. 준혁이가 점점 이 게임에 고수가 되어 가는군요. 이렇게
31이라는 결과를 두고 거꾸로 헤아려 전략을 세워나가는 방법을
'역진귀납법逆進歸納法'이라고 할 수 있답니다. 바둑이나 장기와
같은 '전개형게임'에서 전략을 선택하는 하나의 방법이지요. 즉
상대방의 수를 미리 헤아린 뒤 그 움직임을 읽는 거지요. 이렇게
예측한 것으로 자신에게 최고의 한 수를 고르는 거예요. 조훈현
이나 이창호, 이세돌과 같은 바둑의 고수들은 100수를 내다보며

수읽기를 한다고 하니 이런 것을 생각하면 재미있는 게임들이 수

학과 밀접한 관련이 있음을 알 수 있겠지요?

여기 BR 31뱃속에 나방스 31줄임게임에 이 방법을 적용하여 생각해 보면 준혁이가 마지막에 말한 대로 27을 부르는 사람은 30을 부를 기회가 생기지요. 왜냐하면 1개 또는 2개를 말할 수 있으므로 상대가 최대 2개를 말하여도 1개만 말하거나, 상대가 최소 1개를 말하여도 2개를 말하여서 3개의 차이를 두고 옮길 수가 있게 되기 때문이에요. 즉 자신이 27까지만 부르게 될 때 상대가 28만 말하면 자신은 29, 30까지 이야기할 것이고, 상대방이 28, 29만 말하여도 자신은 30까지만 말하면 되는 거지요.

"그래서 【표 2】를 살펴보니 준혁이가 1개를 말할 때엔 선생님께서는 2개를 말하고, 준혁이가 2개를 말하면 선생님께서는 1개를 말씀하셨군요. 선생님께서 말씀하신 숫자는 항상 마지막이 3의 배수로 끝나고 있었어요!"

앗, 이런! 하진이 덕택에 선생님의 전략이 노출되었네요. 내 필승 전략이었는데……. 그럼 이제 전략이 노출되었으니 게임을 좀 업그레이드하겠습니다.

BR 31게임을 기호로 BR(31, 2)라고 표현하기로 할까요? 이것은 31을 부르는 사람이 지고 1개부터 2개의 숫자를 부를 수 있다는 약속을 뜻하는 것으로 하겠습니다. 그러면 이제 BR(31,

존 내쉬가 들려주는 의사결정이론 이야기

5)라 하면, 즉 31을 부르는 사람이 지면서 1~5개의 숫자를 연달아 부를 수 있는 걸 말해요. 이제 하진이와 준혁이가 한번 해 볼까요? 준혁이가 먼저 시작해 볼까요?

	준혁		하진	
	1	(1개의 숫자를 부름)	2, 3	(2개의 숫자를 부름)
	4, 5	(2개의 숫자를 부름)	6, 7, 8	(3개의 숫자를 부름)
	9, 10, 11, 12	(4개의 숫자를 부름)	13, 14, 15, 16	(4개의 숫자를 부름)
【표 3】	17, 18	(2개의 숫자를 부름)	19, 20, 21	(3개의 숫자를 부름)
	22, 23, 24	(3개의 숫자를 부름)	25	(1개의 숫자를 부름)
	26	(1개의 숫자를 부름)	27, 28, 29, 30	(4개의 숫자를 부름)
	31	(1개의 숫자를 부름)		
하진이 승리!				

이거 재미있는 게임인데요! 마지막에 하진이가 4개를 부를 수 있게 된 것은 준혁이의 실수인 것 같아요. 나는 준혁이가 24까지 부른 것을 보고 준혁이가 이길 수 있겠구나라고 생각했는데……. 하진이가 【표 3】에서처럼 25만 말한 것과 같이 1개만 불렀기 때문에, 준혁이가 26, 27, 28, 29, 30까지 부르면 자연스럽게 하진

이가 31을 부르게 되니까요. 그런데 재미있는 것은 준혁이가 26만 부른 탓에 하진이가 이기게 되었네요.

"사실 준혁이가 실수해서 이긴 탓도 있지만, 저도 실수했다고 할 수 있어요. 준혁이가 먼저 시작했기 때문에 잘만하면 제가 반드시 이기는 게임이란 걸 알았어요. 왜냐하면 준혁이가 1개를 부르면 제가 5개를, 준혁이가 2개를 부르면 제가 4개를, 준혁이가 3개를 부르면 제가 3개를, 이런 식으로 하면 6씩 차이를 두고 제가 6의 배수만 계속 불러서 30을 제가 부를 수 있었거든요. 물론 결과적으로는 우연히 제가 30을 부르게 되었지만요. 과정에서 6의 배수는 준혁이가 더 많이 불렀어요."

정말 대단한데요! 그리고 보니 진정한 게임의 고수는 하진이네요. 이 게임은 BR(31, 5)게임으로 31에서 1을 뺀 30을 부르는 사람이 이기게 된답니다. 또한 최대한 5개의 수를 부를 수 있고, 한 번씩 번갈아 숫자를 부를 때 적어도 최소한 1개는 불러야 하므로 6개만큼의 숫자를 조절하여 부를 수 있답니다. 6은 30의 약수이므로 6으로 나누어떨어지기 때문에 6의 배수만 계속하여 부를 수 있는 사람이 결국 이기게 되는 거예요.

이제 BR(N, K)게임으로 일반화하겠습니다. N을 부르는 사

존 내쉬가 들려주는 의사결정이론 이야기

람이 지고, 최대 K개의 수를 연속하여 부를 수 있을 때 (N−1)을 부르는 사람이 반드시 이기게 됩니다. 우리가 앞서 본 것과 같이 K개의 수를 연속하여 부르면 (K+1)개의 수를 조절할 수 있겠지요. 따라서 (N−1)의 약수 중에 (K+1)이 있다면 반드시 먼저 시작하는 사람이 지고, 나중에 시작하는 사람은 (K+1)의 배수를 계속 불러서 승리할 수 있게 된답니다. 예를 들면 뱃속에 나방스 31게임 중에서도 BR(31, 2), BR(31, 3), BR(31, 4), BR(31, 5)게임 중에서 먼저 시작하는 사람이 항상 진다는 것을 보장할 수 없는 게임은 바로 BR(31, 3)입니다.

> BR(31, 2) ; $31-1=30=(2+1)$의 배수$=3$의 배수
>
> BR(31, 3) ; $31-1=30\neq(3+1)$의 배수$=4$의 배수
>
> BR(31, 4) ; $31-1=30=(4+1)$의 배수$=5$의 배수
>
> BR(31, 5) ; $31-1=30=(5+1)$의 배수$=6$의 배수

선생님, 만약에 BR(N, K) 게임에서 (N−1)이 (K+1)로 나누어떨어지지 않으면 어떻게 되나요?

　앞서 $(N-1)$이 $(K+1)$의 배수가 되면 나중에 시작하는 사람이 항상 $(K+1)$의 배수를 부를 수 있기 때문에 승자가 되지만, 만약 $(N-1)$이 $(K+1)$의 배수가 되지 않아 $(N-1)$이 $(K+1)$로 나누어떨어지지 않으면 오히려 먼저 시작하는 사람이 승리하게 된답니다.

　예를 들어…… 앞서 얘기했던 $BR(31, 3)$를 가지고 이야기해 볼까요? 대신 먼저 시작하는 사람이 1, 2를 부르도록 하면

	먼저 시작하는 사람		나중에 부르는 사람	
【표 4】	1, 2	(2개의 숫자를 부름)	3	(1개의 숫자를 부름)
	4, 5, 6	(3개의 숫자를 부름)	7, 8	(2개의 숫자를 부름)
	9, 10	(2개의 숫자를 부름)	11, 12, 13	(3개의 숫자를 부름)
	14	(1개의 숫자를 부름)	15, 16	(2개의 숫자를 부름)
	17, 18	(2개의 숫자를 부름)	19	(1개의 숫자를 부름)
	20, 21, 22	(3개의 숫자를 부름)	23, 24	(2개의 숫자를 부름)
	25, 26	(2개의 숫자를 부름)	27, 28, 29	(3개의 숫자를 부름)
	30	(1개의 숫자를 부름)	31	(1개의 숫자를 부름)
	먼저 시작하는 사람 승!			

나중에 부르는 사람이 이기려면 31−1＝30을 불러야 합니다. 따라서 30이 3＋1＝4의 배수가 되어야 하지만…… 그렇지 못하죠. 대신 30에 가깝지만 넘지 못하는 4의 배수를 찾아보면 28이 된답니다. 따라서 28이 30과 같은 역할을 해야 하므로 먼저 시작하는 사람이 30과 28의 차이인 2개의 숫자 1과 2를 부르면 나중에 부르는 사람이 마치 먼저 시작한 것과 같은 효과를 가질 수 있답니다. 따라서 이 게임은 29를 부르는 사람이 지는 게임으로 바뀌게 되고 반드시 이길 수 있을 기회를 가질 사람은 먼저 시작하는 사람에서 나중에 부르는 사람으로 바뀌게 되죠. 쉽게 얘기해서 위의 【표 4】에서 불렀던 수를 2씩 낮추어 불러 보면 【표 5】와 같이 BR (29, 3)로 바꾸어 볼 수 있겠지요. 그러면 먼저 시작하는 사람이 바꾼 수에서 4의 배수를 부르게 되면서 반드시 이길 수 있게 된답니다.

	먼저 시작하는 사람		나중에 부르는 사람	
【표 5】	~~1, 2~~	2개의 숫자를 부름	~~3~~ 1	1개의 숫자를 부름
	~~4, 5, 6~~ 2, 3, 4	3개의 숫자를 부름	~~7, 8~~ 5, 6	2개의 숫자를 부름
	~~9, 10~~ 7, 8	2개의 숫자를 부름	~~11, 12, 13~~ 9, 10, 11	3개의 숫자를 부름
	~~14~~ 12	1개의 숫자를 부름	~~15, 16~~ 13, 14	2개의 숫자를 부름
	~~17, 18~~ 15, 16	2개의 숫자를 부름	~~19~~ 17	1개의 숫자를 부름
	~~20, 21, 22~~ 18, 19, 20	3개의 숫자를 부름	~~23, 24~~ 21, 22	2개의 숫자를 부름
	~~25, 26~~ 23, 24	2개의 숫자를 부름	~~27, 28, 29~~ 25, 26, 27	3개의 숫자를 부름
	~~30~~ 28	1개의 숫자를 부름	~~31~~ 29	1개의 숫자를 부름
	먼저 시작하는 사람 승!			

BR(N, K)의 필승자와 필승전략!

① $(K+1)$이 $(N-1)$의 약수가 되면, 즉 $(N-1)$이 $(K+1)$의 배수가 되면 후행 경기자나중에 부르는 사람에게 반드시 이길 수 있는 기회가 발생한다. 그 방법은 각각 한 번씩 부를 때마다 $(K+1)$개씩의 숫자가 불리도록 나중에 부르는 사람이 조절하는 것이다.

② $(K+1)$이 $(N-1)$의 약수가 아니면, 즉 $(N-1)$이 $(K+1)$의 배수가 아닐 때에는 선행 경기자먼저 부르는 사람에게 반드시 이길 수 있는 기회가 발생한다. 그것은 $(N-1)$에 $(K+1)$보다 작은 적절한 수 A를 뺀 것이 $(K+1)$의 배수가 되도록 하는 것이다. 즉 $(N-1)-A$가 $(K+1)$의 배수가 되도록 하는 A를 찾아 먼저 부르는 사람이 1부터 A개의 숫자를 부르고 나면 그다음부터는 각각 한 번씩 부를 때마다 $(K+1)$개씩의 숫자가 불리도록 조절하는 것이다.

존 내쉬가 들려주는 의사결정이론 이야기

여섯번째
수업 정리

❶ 비결정게임전개형게임

상대방의 전략을 미리 알지 못하면 자기의 최선의 전략을 알 수 없어 게임에 임하는 참여자가 자기의 마음에 따라 전략을 결정하게 됩니다. 그러한 전략은 상대방의 전략에 따라 자기에게 때로는 유리하게 또 때로는 불리하게 적용됩니다. 주로 바둑이나 장기와 같은 전통적인 게임도 사실은 상대의 전략에 따라 자신의 전략이 수시로 바뀌는 대표적인 게임이라고 할 수 있습니다.

전개형게임에서 균형 전략을 선택하는 방법으로는 자신이 선택한 전략에 따라 기대되는 금액을 계산하는 방법과 역진귀납법 두 가지를 소개하였습니다.

❷ 바·보게임 – 기대금액

전략을 고르는 것은 여러 번 반복되는 상황에서 일정한 전략을 선택할 비율에 따라 기대되는 금액을 예상하여 고르는 방법입니다. 다시 말해서 일정한 매수가 정해진 제비나 추첨권에서, 각 등급의 매수에 대응하는 상금이 있을 때 그 가운데 한 장을 뽑아서 기대되는 상금액을 이르는 말입니다. 이 금액은 각 상금에다 그 상금을 탈 확률을 곱하여 합한 금액과 같습니다. 일명 확률에서 기댓값은 평균을 의미하기도 하듯이, 여기서도 비슷한 맥락으로 해석할 수 있습니다.

❸ BR 31뱃속에 나방스 31 - 역진귀납법

전개형게임에서 균형 전략을 쉽게 찾는 데 쓰이는 방법 중 하나입니다. 전개형게임에서 선행 경기자는 후행 경기자가 자신의 전략에 대해서 어떠한 반응을 보일 것이라는 것까지 생각하면서 전략을 사용해야 합니다. 그러나 게임이 복잡해지면 선행 경기자가 생각해야 하는 경우의 수가 많아지게 됩니다. 이를 극복하고자 고안한 방법이 역진귀납법입니다. 가장 마지막 수에서 최선의 전략을 찾는 것은 쉽습니다. 다음 수가 존재하지 않기 때문에 그 상황에서 가장 보수를 많이 얻을 수 있는 전략을 선택하면 되기 때문입니다. 이를 바탕으로 마지막 전 수에 대한 최선의 전략을 찾을 수 있고 이를 반복함으로써 균형 전략을 찾을 수 있습니다.